串并联机构耦合分析与控制

姚 禹 张邦成 蔡 赟 等著

化学工业出版社

·北京·

内容简介

本书系统介绍了串并联机构耦合分析与控制的主要技术，内容包括对串并联机构构型综合耦合分析、运动学耦合分析、耦合误差分析、机电耦合分析及耦合控制，最后，从多个角度对串并联机构在工程实际中的应用进行了实验验证。

本书可供从事串并联机构和机器人控制相关研究的科研人员和工程技术人员阅读参考，也可作为相关专业的研究生或高年级本科生的教材使用。

图书在版编目（CIP）数据

串并联机构耦合分析与控制/姚禹等著. —北京：化学工业出版社，2023.8

ISBN 978-7-122-43561-3

Ⅰ. ①串… Ⅱ. ①姚… Ⅲ. ①机电系统-耦合系统 Ⅳ. ①TM7

中国国家版本馆 CIP 数据核字（2023）第 093600 号

责任编辑：金林茹　　文字编辑：吴开亮
责任校对：宋　夏　　装帧设计：王晓宇

出版发行：化学工业出版社
（北京市东城区青年湖南街 13 号　邮政编码 100011）
印　　装：北京科印技术咨询服务有限公司数码印刷分部
710mm×1000mm　1/16　印张 9　字数 156 千字
2023 年 11 月北京第 1 版第 1 次印刷

购书咨询：010-64518888
售后服务：010-64518899
网　　址：http://www.cip.com.cn
凡购买本书，如有缺损质量问题，本社销售中心负责调换。

定　　价：98.00 元

前言
PREFACE

串并联机构既具有并联机构的构型紧凑、刚度大、承载力强等优点，又具有串联机构的工作空间大、灵活性高等优点，同时，串并联机构还可以与仿生学、神经科学、脑科学以及互联网技术相结合。因此，串并联机构得到快速发展，在医疗、高精度加工、焊接、喷涂和组装等领域均有广泛的应用，对促进国民经济高效发展、改善人民生活水平有重要作用。

串并联机构是一个非线性、多变量的控制对象，其精度及稳定性控制要求较高。国内外相关学者和专家对串并联机构从构型、机电控制等方面进行了深入的研究，并取得了一定的研究成果，为串并联机构的应用奠定了基础。然而，工作环境的复杂性和实现功能的特殊性，对串并联机构提出了更高的要求。本书以串并联机构为研究对象，从串并联机构构型综合耦合、运动学耦合、耦合误差、机电耦合等方面进行分析，提出基于改进强跟踪滤波的串并联机构耦合控制方法，并从多个角度对串并联机构在工程实际中的应用进行了实验，验证所提方法的有效性，为高精度串并联机构精确控制提供了新方法和新思路。

全书由姚禹、张邦成、蔡赟、王亚阁合作完成，第 1 章由王亚阁完成，第 2 章由蔡赟完成，第 3 章由张邦成完成，第 4～6 章由姚禹完成，第 7 章由蔡赟、姚禹共同完成。本书在写作过程中，得到了长春工业大学高智副教授、尹晓静讲师、庞在祥副教授等的帮助和指导，在本书出版之际谨向他们表示衷心的感谢！

本书相关的研究工作得到国家自然科学基金项目（51705032）、吉林省科技厅中青年科技创新领军人才及团队项目（20200301038RQ）、吉林省科技厅自然科学基金项目（20220101131JC）、吉林省教育厅项目（JJKH20220673KJ）的资助。

限于作者水平，书中难免有不足之处，恳请读者及相关专家批评指教。

著者

目录
CONTENTS

第 1 章 绪论

1.1 串并联机构发展综述

1.1.1 串联机构发展现状分析

第二次工业革命以来，随着机械行业的快速发展，大型企业对工业机构在自动化生产线的工作效率、精度等性能指标提出了较高的要求。早期的串联机构主要是通过运动副将杆件连接组成的开环系统，根据不同的行业需求，对串联机构的构型进行设计[1-3]。如图 1-1 所示 SCARA 串联机构、焊接机构及双臂装配机构等串联机构，都具有构型简单、运动空间大、易于实时控制等优点。

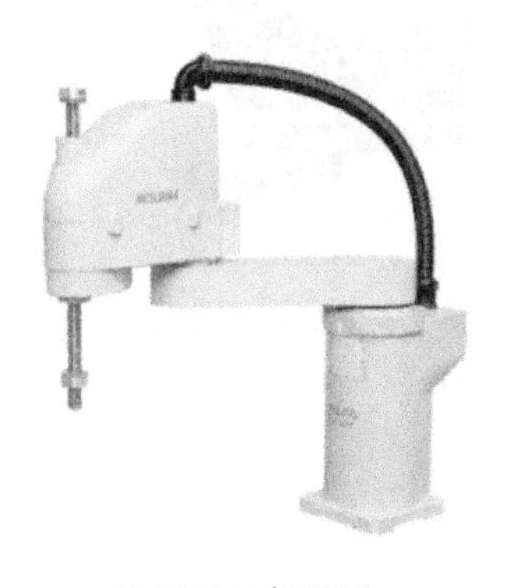

(a) SCARA 串联机构

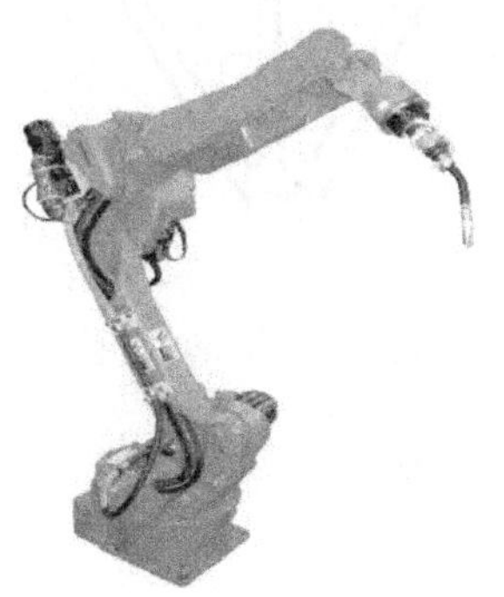

(b) 焊接机构

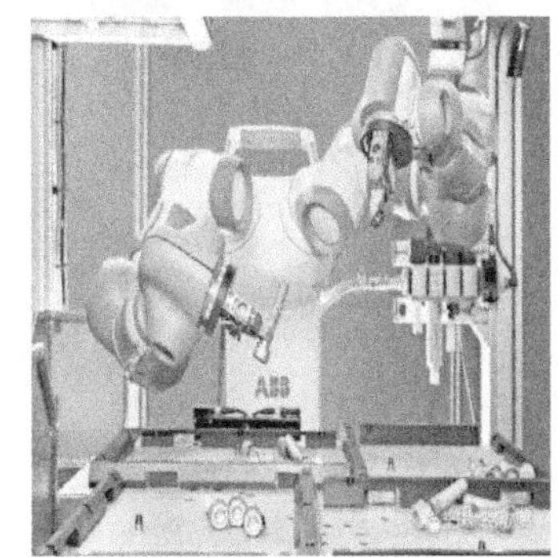

(c) 双臂装配机构

图 1-1 串联机构

随着技术发展，串联机构被广泛应用于机械自动化生产，尤其是汽车零部件的抓取、装卸、油漆喷涂、机械测量、机械零部件焊接、机械零部件加工等场合[4,5]。

1.1.2 并联机构发展现状分析

20世纪60年代初，Stewart提出并设计了第一款并联机构，作为飞行模拟器的机械结构，这就是著名的Stewart平台，从此并联机构被世人所知晓并在机械行业得到广泛应用[6-8]。并联机构通过多条支链连接静平台和动平台，具有构型紧凑、刚度大、承载力强等优点[9,10]。随后，J. Blekta根据Stewart平台的构型原理提出了具有6个自由度（degree of freedom，DoF）的Gough平台的飞行模拟器[11]。如今，基于Stewart平台的并联机构已广泛应用在医疗、通信及复杂零部件加工等领域[12,13]。图1-2（a）所示为基于Stewart平台设计的6自由度并联机构[14]；图1-2（b）所示为ABB公司设计的Delta-3T并联机构，它是一种速度高、载荷轻的3自由度并联机构，被广泛应用在产品的包装和抓取等工作中，并有很高的效率[15]；图1-2（c）所示并联机构应用在传统机床上，其很好地与传统机床相结合，可进行雕刻、表面抛光和焊接等复杂精密的零件加工[16]。

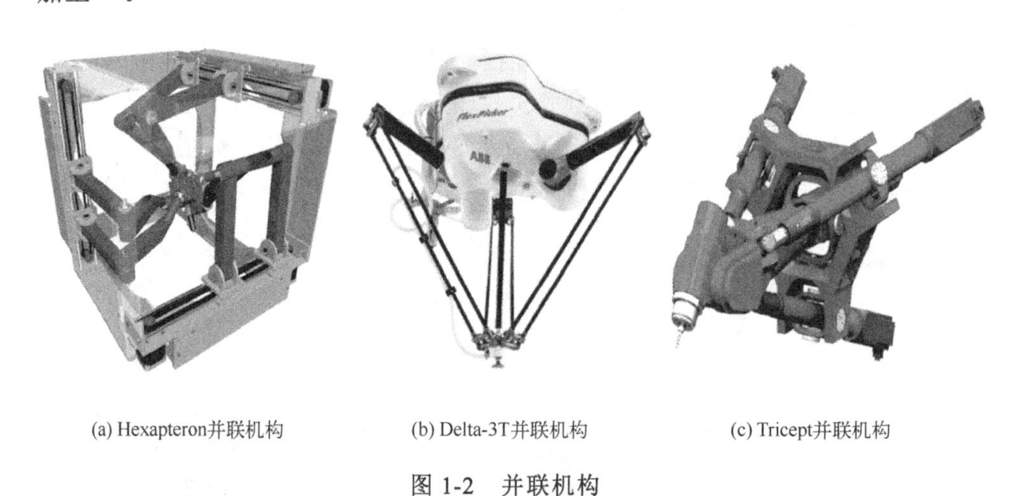

(a) Hexapteron并联机构　(b) Delta-3T并联机构　(c) Tricept并联机构

图1-2　并联机构

1.1.3 串并联机构发展现状分析

自机构问世以来，串联机构在机械加工、搬运等领域得到广泛应用，然而在精度要求比较高的高端机械领域应用受到一定的限制。并联机构由于工作空间小、灵活性差等缺点，在机械领域的应用也受到一定限制。串并联机构是把串联机构和并联机构的优点进行综合而得到的高性能机构，该机构既有并联机构构型紧凑、承载力强等优点，还具有串联机构工作空间大、运动灵活等特点。

自20世纪末以来，国内外相继研制出多款串并联机构。1999年，东北大学设计了一款DSX5-70虚拟轴3杆式5自由度串并联加工机床，其并联机构可完全实现3个方向的移动，并联机构动平台连接2个转动自由度的串联机构[17]。2003年，清华大学设计了一款XNZD2415型5自由度串并联机构龙门式机床，其并联机构可在垂直平面内完成2个方向的移动，在主轴箱上串联AC调姿头，实现2个方向的转动，加上工作台可以实现1个方向移动，故可实现龙门机床5个方向的联动[18]。次年，天津大学设计了一款Tri Variant串并联机构，它将Tricept机构的3UPS/UP❶并联机构变成2UPS/UP并联机构，使机构运动更加紧凑灵活，工作效率更高[19,20]。2007年，法国IRCCY N研究院设计了一种VERNE型5自由度串并联机构，该机构采用3P（4S）并联机构可实现3个方向的平动，另外2个转动则由两轴转动工作台实现[21,22]。2009年，清华大学设计了一款2PRU/PRC型5自由度串并联机构，其并联机构可完成垂直面内2个方向的移动和水平面内1个方向的转动，串联机构具有回转和水平2个方向的运动[23]。综上所述，大部分串并联机构都是以3自由度并联机构为基础，再根据机械任务需求加串联机构设计出来的，如浙江理工大学设计的2UPR/RPU+RR+P串并联机构[24]、吉林大学设计的3PTT-2R串并联机构等。

1.2 串并联机构耦合分析与控制发展综述

1.2.1 串并联机构构型耦合发展现状分析

经过国内外众多学者多年的研究，机构构型演变法为最常见的构型综合方法，其思路是以现有的机构为原型，通过改变机构支链的主（从）副类别、支链数目及机架布局，得到满足特定需求的新型机构[25]。最初此类方法主要应用在平面四连杆机构上，并取得了很好的效果[26,27]。随着多自

❶ U代表万向节；P代表移动副，有时也用T表示；R代表转动副；C代表圆柱副；S代表球副；E代表平面副。

由度空间机构的出现，此类方法也渐渐被应用在串并联机构上。如法国 Renault Automation 公司就是通过改变 Delta 机构构型而研发出 Urane SX 型高速卧式钻铣床[28]，并在加工领域得到广泛应用。随着对机构构型研究的深入，也为了实现机构多元化，学者们开始从理论出发展开对机构构型综合的研究[29,30]。目前对多自由度机构构型综合的方法主要为两类，一类是基于旋量理论的约束综合法，主要对多自由度机构进行构型综合。其原理是对多自由度机构支链约束螺旋、多自由度机构结构约束螺旋及多自由度机构支链中运动副之间的几何关系进行分析，确定满足要求的多自由度机构。如燕山大学的黄真教授利用此方法综合出一系列多自由度并联机构[31,32]。但此方法也存在不足之处，根据旋量理论只能确定机构的瞬时运动自由度，因此需要验证机构各个位置是否都满足自由度要求。另一类是基于单开链理论的运动综合法，其原理是将机构的结构要素按功能分解成结构单元，再建立机构与单元之间内在的逻辑关系。如杨廷力教授[33,34]等就采用此方法综合出 3T、3T1R、3T2R 等多种机构构型。

国内外学者通过上述理论方法综合出一系列的新型多自由度串并联机构，这些新型机构不仅证明了上述构型综合方法具有一定的实用性，同时也验证了上述方法通用性很强。5 自由度串并联机构的构型综合是本书的重点研究内容，也是研究耦合误差及控制的理论基础。

1.2.2 串并联机构运动学耦合发展现状分析

机构的运动学是对其位置正逆解、运动速度及加速度进行分析。其中位置正逆解是研究机构运动学的基础，也是求解机构关节和末端位置速度、加速度及工作空间的基础[35,36]。机构位置正解是通过机构各输入关节的确定运动位置坐标，对机构末端位姿坐标进行求解的过程；相反，则为机构位置逆解。对于机构来说，串联机构的位置正解容易求解，而位置逆解求解较困难；并联机构的位置逆解求解容易，而正解求解困难。多自由度串并联机构是由并联机构和串联机构综合而成的复杂机构，对其位置正逆解求解过程相对复杂[37,38]。目前，对并联机构和串联机构位置正逆解求解的方法较多且成熟。对于多自由度串并联机构的位置正逆解求解，是在并联机构位置正逆解求解的基础上，再加上串联机构位置正逆解。

对机构速度和加速度的研究，目前主要采用的方法有影响系数法、矢量法和旋量法。影响系数法是通过简单的表达形式，来清楚地反映机构在运动过程中的本质，是一种常用的研究运动学的方法。黄真将此方法应用在并联机构上，再通过螺旋理论，提出了适用于分析并联机构运动的影响系数法，并把此方法扩展为分析并联机构各种性能的通用理论[39]。矢量法是根据机构的结构参数，建立机构矢量关系，从而求解机构关节输入与末端位置输出之间速度和加速度的映射模型。Bruyninckx 利用矢量法对 Hunt 和 Primrose 提出的并联机构运动学正解的封闭解进行求解[40]；武国顺采用矢量法对 3UPU 并联机构的运动学封闭解进行求解[41]；路懿采用矢量法对 SP+SPR+SPS 串并联机构进行运动学分析[42]。旋量法主要应用于对空间机构的研究，空间中的运动形式可表达为绕轴线的转动及沿轴线的移动。采用旋量法对空间机构进行运动学研究时，需要建立相对于机构定平台的连杆坐标系，因此采用旋量法可以描述出机构明确的几何关系。钱东海对 6 自由度机构的运动学进行分析时，基于旋量法建立了运动学理论模型，再根据经典消元理论与 Paden-Kahan 子问题，进行运动学逆解的求解，得到了其显式结果[43]。旋量理论对于混联机构的运动学分析同样适用，J. Gallardo- Alvarado 通过螺旋理论对 2（3RUS）串并联机构的运动速度和加速度建模，并对其运动学进行了分析[44]。

综上所述，国内外学者对于串联机构和并联机构运动学的研究方法较成熟。近年来，多自由度串并联机构种类越来越多且应用广泛，国内外学者对多自由度串并联机构运动学的研究也越来越多。但对多自由度串并联机构的运动学分析也仅是简单的线性叠加，没有求解多自由度串并联机构输入速度、加速度与输出速度、加速度之间的耦合关系。本书对 5 自由度串并联机构位置正逆解、运动副速度及加速度进行分析，这也是研究耦合误差的基础。

1.2.3 串并联机构耦合误差发展现状分析

机构的误差研究是为对新型机构设计与机构装配提供指导，也是为机构末端位置精度分析提供依据。其基本思路是确定机构的各个误差源之后，建立机构各误差源对应的误差方程，求得误差源对机构末端位置精度的影响。根据研究发现，机构在不同的误差源下，末端位置精度是不一样的，因此，通过分析机构中不同误差源给机构末端位置带来的误差，可以有效提高机构末端位置的精度[45]。近年来，新型多自由度串并联机构迅速发展，其中多自由度串并联机构运动副关节耦合误差特性对机构的精度影响逐渐成为研究的热点。

精度是评价多自由度混联机构的重要指标，也是其在高端机械领域能否被应用的性能指标。目前，多自由度混联机构耦合误差研究可分以下 4 个方向[46,47]：

① 对新型串并联机构的误差进行理论上的预测,有效地避免串并联机构末端执行器产生的耦合误差。

② 通过实验探究串并联机构误差的起因,分析机构耦合误差对末端执行器的影响程度，此类方法效率低且烦琐，只适合结构简单的机构。

③ 为避免或者减少串并联机构耦合误差而进行补偿技术的研究。

④ 建立串并联机构运动学模型并进行求解,在此基础之上进行串并联机构末端执行器位置静态误差研究。

第 4 个方向受到学者们广泛关注，一般是通过矢量法或矩阵法，在串并联机构杆长参数值、运动副关节径向间隙、机构零件加工时允许误差值已知的情况下，对累积到机构末端执行器的精度进行研究。这种研究误差的方法是将机构构件当作刚体进行研究，忽略在运动过程中杆件产生的变形，只需要研究机构在运动过程中变化因子引起的误差和机构零件参数引起的误差。马履中基于混合单开链设计了三平动的实用新型并联机构，针对机构中三个转动副具有弱耦合的特性，建立了运动学和误差模型，分析了影响该并联机构操作器精度的因素[48]。米建伟针对冗余并联机构具有变结构、结构紧凑及各运动副运动时存在强耦合性的特点，引入同步误差和耦合误差，并基于 Lyapunov 稳定性理论减小了关节误差，从而提高了控制算法的稳定性[49]。李仕华采用矢量法对新型 3PRC 并联微动平台的位置进行了分析，并提出机构具有耦合性误差的特点[50]。

随着多自由度混联机构的出现，学者们对多自由度混联机构误差对末端位置精度的影响进行了研究，并取得了重大研究成果。其中，把矢量法与矩阵法也应用在了多自由度混联机构误差研究上。学者们通常利用矢量法研究多自由度混联机构静态误差。文献[51]采用矢量链法对 Stewart 机构的误差进行研究，并建立机构的误差模型，结果表明此方法可以得到机构间误差映射的显性表达关系；Patel 采用空间矢量链法对串并联机构进行误差分析，再基于矢量微分法摄动矢量链方程，推导机构末端位置误差模型，并根据建立的位置误差关系对机构精度进行研究[52]。

由于在空间矢量链中很难引入复杂运动副（万向节、虎克铰）相对于机构的位置，所以在建立误差模型时假定复杂运动副是理想的，只有在误差数值计算时才考虑运动副引入误差，从而忽略运动副耦合特性误差。本书对 5 自由度串并联机构的耦合特性误差进行分析。

1.2.4 串并联机构耦合控制发展现状分析

从1832年H. Pixii做成永磁发电机到1888年多布罗斯基发明电动机，机电耦合问题就已经产生了[53]。各类复杂机电系统中都存在机电耦合现象，甚至可以说，任何的机电耦合系统都是由机械模块、电磁模块以及联系二者的耦合模块所组成的，它们的主要任务就是实现电磁能和机械能的转化。

机电系统的耦合问题在国内外已有一定的研究，并且是近几年工程界研究的重点，IEEE 曾多次发表这方面的文章[54,55]。在复杂机电系统耦合与解耦的研究方面，针对一些突出耦合问题，国内外学者都做过较多研究工作，如美国弗吉尼亚理工大学采用估计采集到的压电电荷输出能量的方法来对驱动设备进行解耦处理；美国桑迪亚国家实验室及其智能自动化公司的J. L. Dohnera、C.M. Kwanb等以高速加工中心为研究对象，研究刀具振动环境下的机电耦合特性[56-58]；美国加州理工学院Stewart Sherrit等应用无线网络化声电反馈伺服系统对机电耦合特性进行分析；美国加州大学Laurent Sass提出了多体系机电耦合模型的概念；德国开姆尼茨工业大学 Fouad Bennini等针对微小型部件采用域模拟的耦合计算模型降阶方法进行分析及过程仿真；以色列E. B. Tadmor教授等以层状梁为模型，通过压电测试的方法实现对其机电耦合的校正等[59,60]。中国廖道训等阐述了动力学耦合在现代复杂机电系统中的影响，并特别强调耦合是设计现代复杂大型机电系统时需要十分关注的问题[61]。中南大学的钟掘院士及其课题组，针对轧机这样的现代大型复杂机电系统提出了多智能体协同求解的数学模型，基于全局耦合机理对轧机的运行状态进行了工况分析[62]。利用有限元法和神经网络控制原理丰富了并行设计的思想，提出了一系列全局建模方法以实现解耦控制[63]。中南大学唐华平等在分析现代复杂机电系统机械动力学特点的基础上，对复杂机电系统进行了全局建模，得到了一种带约束函数递推组集合的全局耦合模型[64,65]，根据建立的模型从谐波电流的角度分析了带材表面可能出现振纹的原因。重庆大学林利红、陈小安等以及湖南大学的贺建军针对伺服系统中单轴传动系统出现的机电耦合问题进行了研究[66-68]，提取了振动耦合的因素，并提出了相应的解决办法。但针对多轴数控机床及串并联机构的耦合问题研究较少。

解耦问题一直是一个经典的问题，基于对象精确数学模型的传统解耦方法原理简单、直观、明确，但是因为对对象的数学模型要求较高，要找到合适的解耦矩阵在大多数情况下不是一件容易的事。相对于传统控制方法，对于模型未知或参数时变的复杂多变量系统，可以把参数估计和解耦控制方法结合起来，大致可以分为如下三种方法：

（1）自适应解耦方法

这种设计方法从概念上来说是相对简单、易于理解的。它是一种将多变量参数估计和多变量解耦控制相融合的解耦控制方法，显然，它是集合了系统的辨识过程、解耦过程和最优控制过程三方优点于一身的自适应解耦控制方法。文献[69]就提出了基于模型参考自适应的方法对交流电机的转速进行辨识，同时，用 Lyapunov 和 Popov 超稳定性理论证明了状态和速度的渐近收敛性，说明此方法确实可以使系统稳定收敛。国内齐放等应用自适应的方法提出了永磁同步电机无速度传感器控制方法[70]。

（2）智能解耦方法

解耦非线性系统，一般的方法是先对非线性系统进行近似线性化处理，而后再对其进行解耦处理。需要指出的是，这样的非线性近似线性化的处理方法，对系统做大量的近似估算，模型的精度不高，控制的精度显然也不会太高。针对时变、非线性、未知耦合的典型复杂多变量机电系统控制精度不高的问题，又有学者提出了将智能控制方法应用到解耦问题中的控制策略[71,72]。典型的智能解耦方法为神经网络解耦、模糊解耦和遗传解耦等。于神经网络解耦方法是利用输入到输出的映射关系，通过训练非线性机电耦合系统的神经网络，从而消除耦合影响，实现非线性解耦。当对象的 I/O（输入/输出）之间存在耦合，又没有办法应用传统的解耦方法来确定对应关系时，就可以考虑应用模糊解耦方法，建立与之对应的模糊规则，从而进行模糊解耦。如文献[73]提出了基于递归模糊神经网络的感应电机无速度传感器矢量控制，文献[74]将模糊自适应 PID 应用到数控伺服进给系统中，控制效果明显。另一种较为先进的解耦方法就是应用遗传算法进行解耦的遗传解耦[75-77]。文献[78]提出了基于遗传算法的无传感器永磁同步电机控制方法，文献[79]将自适应遗传算法应用到伺服电机调速系统中，取得了较为明显的控制效果。

（3）观测器解耦方法

1989 年，C.Schander 提出了基于自适应观测器估计异步电机转速和转子位置的方法；1992 年，美国麻省理工学院的学者又利用全阶状态观测器提出了永磁同步电机的无传感器控制方法，它可以满足系统全局稳定的条件，但是由于全阶状态观测器的引入，需要一个状态观测器来估计电机参数，这样就使得这种算法在计算上较为复杂[80,81]。文献[82]应用扩展卡尔曼滤波器来估计负载转矩，并与参考转矩做比较后，将其差值作为前馈补偿，改善了系统的性能。文献[83]在扩展卡尔曼滤波器的基础上，在永磁同步电机的无传感器控制系统中引入了无轨迹卡尔曼滤波，提出了永磁同步电机定子磁链观测器及转子位置速度估计方法——无轨迹卡尔曼滤波方法，通过仿真实验，验证了所提控制方法的有效性[84,85]。

综上所述，解耦控制方法研究除了依赖数学矩阵公式的传统解耦控制方法外，还有用于多变量系统的自适应解耦控制方法、通过构造观测器来进行分析的观测器解耦方法和基于神经网络等的智能解耦控制方法。需要指出的是，目前还没有一种完善的控制器或者解耦方法可以彻底解决串并联数控机床这样的复杂机电系统的耦合问题，而只能是针对具体对象、具体指标来控制，因此复杂机电系统的耦合问题仍将是未来研究的热点问题。

1.3 串并联机构应用发展综述

串并联机构继承了串联及并联机构在柔性、工作空间、速度、刚度和精度等方面的优点，广泛应用在医疗、飞行器、机械加工、装配、喷涂等领域。

串并联机构在机械加工、装配及喷涂方面的应用，越来越受到汽车、飞机、船舶等制造商的关注，且已用于实际生产中[13,14]。如图 1-3 所示的新型串并联喷涂机构[86]，在车企得到了广泛的应用。如图 1-4 所示为清华大学[87]研制的 SPKM165 型 5 自由度立卧式串并联机床，其并联机构采用 2UPR/SPR 构型，避免了对球副的依赖。随着科技的高速发展，为了实现生产自动化，很多企业设计了抓取机构，如图 1-5 所示的串并联抓取机构[88]可以实现 5 自由度快速抓取，从而提高了生产效率。图 1-6 所示的河北工业大学设计研制的五轴并联机床及图 1-7 所示的美国 Giddings & Lewis 公司研制的 VARIAX 型并联运动机床，在高精度机械加工方面都具有显著优势[89]。

串并联机构在飞行器方面也有很多的应用，如北京蓝天航空科技有限公司生产的 K8Z 飞行模拟器，如图 1-8 所示，模拟器驾驶舱安装在并联机构的动平台上[90]；北京动感 4D 设备制造有限公司开发的用于动感电影的动感座椅，如图 1-9 所示；吉林大学汽车动态模拟国家重点实验室研制开发的我国首台开发型汽车性能模拟器[76]，如图 1-10 所示。

图 1-3　新型串并联喷涂机构

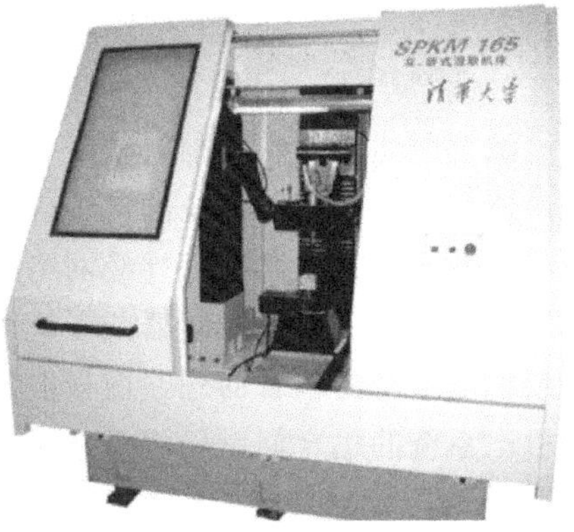

图 1-4　SPKM165 型 5 自由度立卧式串并联机床

图 1-5　串并联抓取机构

图 1-6　五轴并联机床

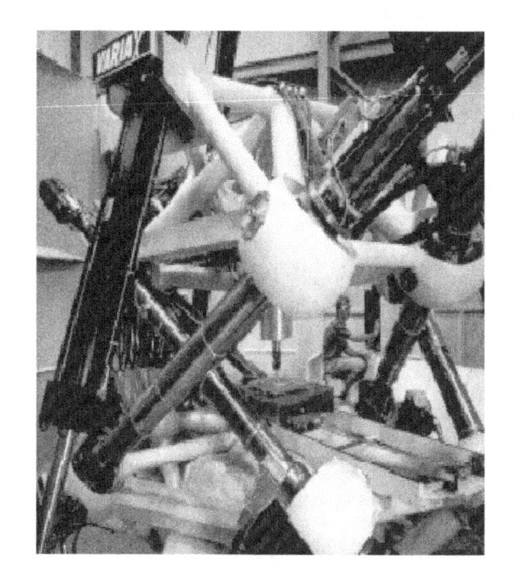

图 1-7 VARIAX 型并联运动机床

图 1-8 K8Z 飞行模拟器

图 1-9 动感座椅

图 1-10 汽车性能模拟器

值得一提的是，串并联机构在医疗方面也具有显著的优势和应用趋势。图 1-11 所示的德国弗朗霍夫制造工程及自动化研究所开发的医用并联机器人，以及图 1-12 所示的瑞士 ABB 公司生产的 Delta 机器人，在医疗外科手术中均有突出表现[91]。由于串并联机构在柔性、工作空间和高精度等方面的优点，未来串并联机构在医疗领域将具有广泛的应用前景[92]。

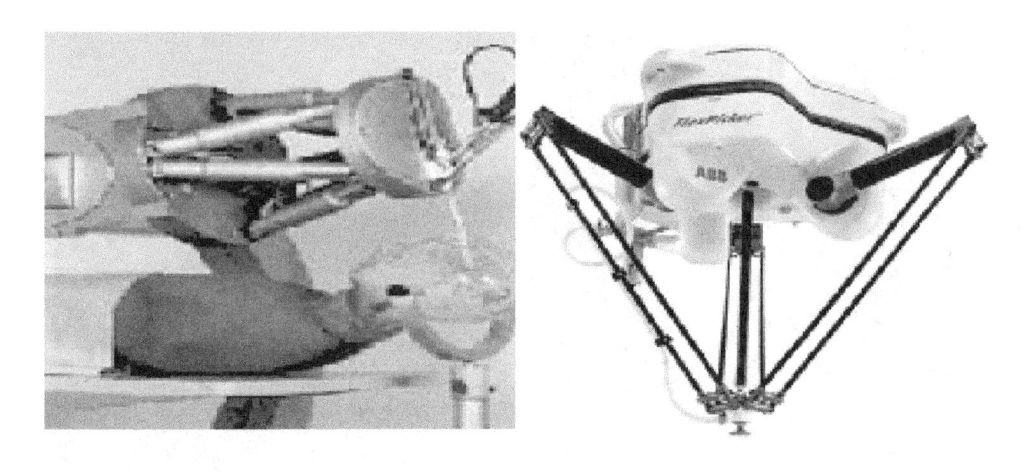

图 1-11　医用并联机器人　　　　图 1-12　Delta 机器人

1.4　本书的结构安排

本书以串并联机构为研究对象，对其进行构型耦合分析、运动学耦合分析、误差耦合分析和机电耦合分析，并在此基础上，提出串并联机构的耦合控制方法，以提高控制精度，并利用仿真和实验验证了所提出的理论方法。基于以上研究思路，本书的结构安排如下：

第 1 章，绪论。阐述国内外串并联机构应用的背景及意义，综述串并联机构、耦合分析与控制的成果和研究进展，分析串并联机构仍存在的问题，并在此基础上，提出本书所研究的问题和内容。

第 2 章，串并联机构构型综合耦合分析。阐述串并联机构的组成及连接方式，基于单开链单元-方位特征集理论对 5 自由度串并联机构进行构型综合耦合分析与计算，并确定其连接方式及运动形式。

第 3 章，串并联机构运动学耦合分析。提出一种单开链单元-矢量解析法，求解并联机构位置正逆解，通过分析机构运动副的运动方式，建立并联机构正逆解方程。采用 D-H 法对串联机构建立正逆解方程，再将两部分正逆解方程进行叠加，完成 5 自由度串并联机构正逆解。在此基础上，建立速度模型，解析驱动副与机构各关节之间的关系。利用 Adams 软件对设计的 5 自由度串并联机构进行仿真，验证机构的合理性。

第 4 章，串并联机构耦合误差分析。在对 5 自由度串并联机构运动学耦合分析的基础上，提出一种单开链单元-局部指数积公式法，将机构的运动副间隙误差作为变量因子，对串并联机构耦合误差建模。

第 5 章，串并联机构机电耦合分析。建立各个子系统之间的局部耦合模型，并在此基础上将各局部耦合模型耦合协同起来，建立起完整的串并联机构全局耦合模型。分析耦合参数对系统的影响，为解耦控制打下基础。

第 6 章，串并联机构耦合控制。结合第 5 章建立的模型，应用扩展卡尔曼滤波及强跟踪滤波理论设计串并联机构耦合控制策略，解决扰动对系统的影响问题，实现串并联数控机床伺服进给系统的解耦控制。进行仿真分析，验证所应用方法的可行性与正确性。

第 7 章，串并联机构耦合分析与控制实验。结合以上章节的内容，搭建串并联机构实验平台，对串并联机构末端位置误差进行实验研究，验证本书第 2～4 章的理论研究内容。在耦合控制实验研究中，搭建串并联机床实验平台，分别对串并联机床的加工精度及表面粗糙度进行实验研究，验证本书第 5、6 章的理论研究内容。

第 2 章 串并联机构构型综合耦合分析

2.1 概述

随着我国高端制造业的快速发展，机构在各行各业的应用日益广泛，而传统的串联机构和并联机构已无法满足生产需求。为解决这一难题，混联机构在工程中被提出并得到应用。以往研究中多对混联机构从整体构型综合入手，而从机构运动副出发研究混联机构构型综合较少。

在已有机构构型综合的基础上，本章提出一种单开链单元-方位特征集原理，对5自由度串并联机构进行构型综合。对所研究的5自由度串并联机构进行详细分析和介绍，运用单开链（SOC）单元将5自由度串并联机构看作多个串联支链的复合运动，最后结合方位特征（POC）集描述支链中运动副的相对运动情况，从而得到5自由度串并联机构运动类型。

2.2 串并联构型理论基础分析

2.2.1 单开链单元分析

构型综合是机构设计与创新的重要前提，也是研究机构机理的基础。国内外学者对此展开了多方面的研究，提出了很多方法，如自由度计算公式法、构型演变法、基于旋量理论的约束综合法等。这些方法都需要大量验证且有无法给出确切的运动形式的缺点。根据这一问题，在群代数结构的基础上，运动链法被提出。虽然此方法在新型机构的开发上取得了成功，但无法处理机构空间特殊运动情况。在此基础上，基于单开链单元的机构综合方法被提出，通过机构与结构单元之间的关系，建立机构与单元之间的内在逻辑关系。机构是通过运动副连接杆件构成的，运动副约束杆件相对运动。机构中常用的运动副名称、符号、简图及自由度如表 2-1 所示。

表 2-1　基本运动副

运动副名称	符号	简图	自由度
移动副	P		1
转动副	R		1
螺旋副	H		1
圆柱副	C		2
万向节	U		2
球副	S		3

由简单运动副构成的串联机构称为单开链单元，如图 2-1 所示[87]。由单开链单元机构组成原理可知，任何机构都可看作由单开链单元连接组成的新构型。

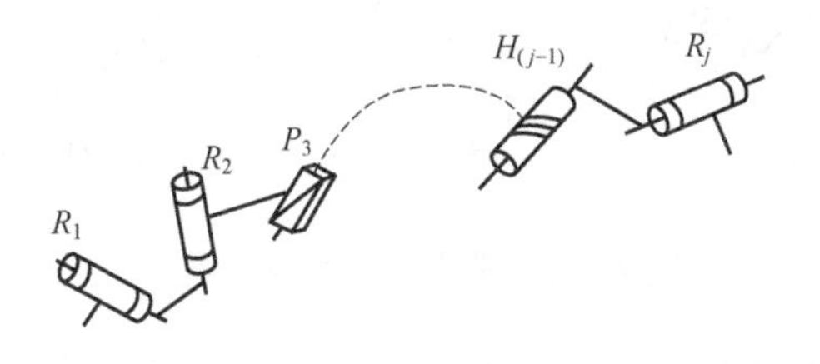

图 2-1　单开链单元

对于单开链单元，可以依据运动副轴线之间相对的方向与位置特征来描述运动副尺度约束。运动副尺度约束既可以表达机构中运动副类型、数目及排列次序，又可以描述机构的尺度特征，如表 2-2 所示。

表 2-2　尺度约束的基本类型

运动副连接方式	连接符号	单开链表达方式
同一机构上两个及以上运动副轴线任意方位配置	—	$P—R$，$R—R$，$R—H$，$R—R—R$，$P—R—R$
同一机构上两个及以上运动副轴线重合	|	$P\|R$，$R\|R$，$R\|H$，$R\|R\|R$，$P\|R\|R$
同一机构上两个及以上运动副轴线平行	∥	$P\|\|R$，$R\|\|R$，$R\|\|H$
同一机构上两个及以上运动副轴线相交于一点	⌒	$\widehat{P}\widehat{R}$，$\widehat{R}\widehat{R}$，$\widehat{R}\widehat{H}$，$\widehat{R}\widehat{R}\widehat{R}$
同一机构上两个及以上运动副轴线垂直	⊥	$P\perp R$，$R\perp R$，$R\perp P\perp R$
若干个移动副平行于同一平面	C	$-\mathrm{C}(P-P-P)-$

由表 2-2 中类比可知，多自由度运动副连接机构（也称为单开链单元）也可以如此表示。例如，圆柱副连接的机构为 SOC$\{-P\|R-\}$，万向节连接的机构为 SOC$\{-\widehat{R}\perp\widehat{R}-\}$，球副连接的机构为 SOC$\{-\widehat{R}\widehat{R}\widehat{R}-\}$。常用的 6 种基本尺度约束类型如图 2-2 所示[88]。

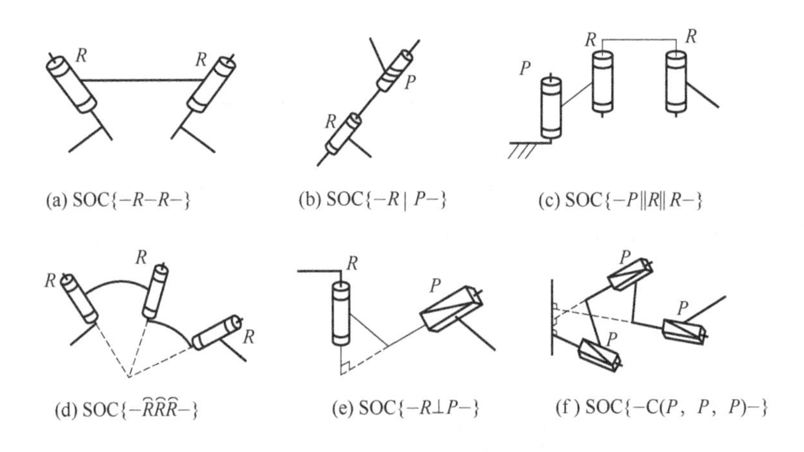

(a) SOC$\{-R-R-\}$　(b) SOC$\{-R\,|\,P-\}$　(c) SOC$\{-P\|R\|R-\}$

(d) SOC$\{-\widehat{R}\widehat{R}\widehat{R}-\}$　(e) SOC$\{-R\perp P-\}$　(f) SOC$\{-\mathrm{C}(P，P，P)-\}$

图 2-2　基本尺度约束类型

位移输出既是机构运动副运动输出集合，也是机构末端位置运动方向的表达形式。本章以并联机构位移输出特征矩阵为例：

$$\boldsymbol{M}_{Pa}(\theta_1\sim\theta_F)=\begin{bmatrix} x(\theta_1\sim\theta_F) & y(\theta_1\sim\theta_F) & z(\theta_1\sim\theta_F) \\ \alpha(\theta_1\sim\theta_F) & \beta(\theta_1\sim\theta_F) & \gamma(\theta_1\sim\theta_F) \end{bmatrix} \tag{2-1}$$

式中，$x(\theta_1\sim\theta_F)$、$y(\theta_1\sim\theta_F)$、$z(\theta_1\sim\theta_F)$ 为动坐标系的原点在静坐标系中的坐

标；$\alpha(\theta_1 \sim \theta_F)$、$\beta(\theta_1 \sim \theta_F)$、$\gamma(\theta_1 \sim \theta_F)$为动坐标系相对于静坐标系坐标轴的欧拉角；$\theta_i$为第 i 个主动输入的广义变量，$i=1,\cdots,F$；F 为机构活动度数。

式（2-1）为并联机构位移特征输出矩阵，对于机构的不同构型，综合出机构不同的输出特征矩阵类型，如表 2-3 所示。

表 2-3　机构位移特征输出矩阵类型

独立输出数	位移输出特征矩阵类型					
	A	B	C	D	E	F
1	$\begin{bmatrix} x & \cdot & \cdot \\ \cdot & \cdot & \cdot \end{bmatrix}$	$\begin{bmatrix} \cdot & \cdot & \cdot \\ \alpha & \cdot & \cdot \end{bmatrix}$				
2	$\begin{bmatrix} x & y & \cdot \\ \cdot & \cdot & \cdot \end{bmatrix}$	$\begin{bmatrix} x & \cdot & \cdot \\ \alpha & \cdot & \cdot \end{bmatrix}$	$\begin{bmatrix} x & \cdot & \cdot \\ \cdot & \beta & \cdot \end{bmatrix}$	$\begin{bmatrix} \cdot & \cdot & \cdot \\ \alpha & \beta & \cdot \end{bmatrix}$		
3	$\begin{bmatrix} x & y & z \\ \cdot & \cdot & \cdot \end{bmatrix}$	$\begin{bmatrix} x & y & \cdot \\ \alpha & \cdot & \cdot \end{bmatrix}$	$\begin{bmatrix} x & y & \cdot \\ \cdot & \cdot & \gamma \end{bmatrix}$	$\begin{bmatrix} x & \cdot & \cdot \\ \alpha & \beta & \cdot \end{bmatrix}$	$\begin{bmatrix} x & \cdot & \cdot \\ \cdot & \beta & \gamma \end{bmatrix}$	$\begin{bmatrix} \cdot & \cdot & \cdot \\ \alpha & \beta & \gamma \end{bmatrix}$
4	$\begin{bmatrix} x & y & z \\ \alpha & \cdot & \cdot \end{bmatrix}$	$\begin{bmatrix} x & y & \cdot \\ \alpha & \beta & \cdot \end{bmatrix}$	$\begin{bmatrix} x & y & \cdot \\ \cdot & \beta & \gamma \end{bmatrix}$	$\begin{bmatrix} x & \cdot & \cdot \\ \alpha & \beta & \gamma \end{bmatrix}$		
5	$\begin{bmatrix} x & y & z \\ \alpha & \beta & \cdot \end{bmatrix}$	$\begin{bmatrix} x & y & \cdot \\ \alpha & \beta & \gamma \end{bmatrix}$	·为非独立运动输出常量；x、y、z 为机构平移；α、β、γ 为机构转动			
6	$\begin{bmatrix} x & y & z \\ \alpha & \beta & \gamma \end{bmatrix}$					

为了便于计算，更加明确机构的几何关系，单开链运动输出特征矩阵的矢量形式如下：

$$\boldsymbol{M}_{Pa} = \begin{bmatrix} \boldsymbol{t}^{\xi_{PaP}} \\ \boldsymbol{r}^{\xi_{PaR}} \end{bmatrix} \qquad \xi_{PaP}, \xi_{PaR} = 0,1,2,3 \tag{2-2}$$

式中，$\boldsymbol{t}^{\xi_{PaP}}$为机构动平台独立平移输出；$\boldsymbol{r}^{\xi_{PaR}}$为机构动平台独立转动输出；$\xi_{PaP}$为机构独立平移输出数；$\xi_{PaR}$为机构独立转动输出数。

因此，并联机构独立输出数为

$$\xi_{Pa} = \xi_{PaP} + \xi_{PaR} \qquad \xi_{Pa} \leqslant F \tag{2-3}$$

要确定机构尺度约束类型的独立输出、非独立输出是否为常量，应考虑机构运动副轴线方位特定配置类型。对式（2-2）机构运动输出矩阵矢量变形：

$$\begin{bmatrix} \boldsymbol{t}^{\xi_{PaP}} \\ \boldsymbol{r}^{\xi_{PaR}} \end{bmatrix}_{Pa} = \bigcap_{i=1}^{N_i} \begin{bmatrix} \boldsymbol{t}^{\xi_{1P}} \\ \boldsymbol{r}^{\xi_{1R}} \end{bmatrix}_{1i} \qquad \xi_{PaP}, \xi_{PaR} = 0,1,2,3 \tag{2-4}$$

式中，$\begin{bmatrix} \boldsymbol{t}^{\xi_{PaP}} \\ \boldsymbol{r}^{\xi_{PaR}} \end{bmatrix}_{Pa}$ 为机构运动输出特征矩阵；$\begin{bmatrix} \boldsymbol{t}^{\xi_{1P}} \\ \boldsymbol{r}^{\xi_{1R}} \end{bmatrix}_{1i}$ 为第 i 条支链的运动输出特征矩阵；ξ_{1P}（ξ_{1R}）为第 i 条支链的独立平移（转动）输出数；$\bigcap$ 为机构的交叉运算；N_i 为支链数。

确定机构尺度约束类型和机构运动输出特征矩阵后，机构中常用的交叉运算基本类型如下：

$$\begin{cases} \boldsymbol{r}^1(\| R)_{1i} \cap \boldsymbol{r}_{1j}^3 = \boldsymbol{r}^1(\| R)_{Pa} \\ \boldsymbol{t}^1(\| P)_{1i} \cap \boldsymbol{t}_{1j}^3 = \boldsymbol{t}^1(\| P)_{Pa} \end{cases} \tag{2-5}$$

$$\begin{cases} \boldsymbol{r}^2(\| \mathrm{C}(R_1, R_2))_{1i} \cap \boldsymbol{r}_{1j}^3 = \boldsymbol{r}^2(\| \mathrm{C}(R_1, R_2))_{Pa} \\ \boldsymbol{t}^2(\| \mathrm{C}(P_1, P_2))_{1i} \cap \boldsymbol{t}_{1j}^3 = \boldsymbol{t}^2(\| \mathrm{C}(P_1, P_2))_{Pa} \end{cases} \tag{2-6}$$

$$\begin{cases} \boldsymbol{r}_{1i}^3 \cap \boldsymbol{r}_{1j}^3 = \boldsymbol{r}_{Pa}^3 \\ \boldsymbol{t}_{1i}^3 \cap \boldsymbol{t}_{1j}^3 = \boldsymbol{t}_{Pa}^3 \end{cases} \tag{2-7}$$

① 当 R_i 平行于 R_j

$$\boldsymbol{r}^1(\| R_i)_{1i} \cap \boldsymbol{r}^1(\| R_j)_{1j} = \boldsymbol{r}^1(\| R_1)_{Pa} \tag{2-8}$$

② 当 R_i 不平行于 R_j

$$\boldsymbol{r}^1(\| R_i)_{1i} \cap \boldsymbol{r}^1(\| R_j)_{1j} = \boldsymbol{r}_{Pa}^0 \tag{2-9}$$

③ 当 P_i 平行于 P_j

$$\boldsymbol{t}^1(\| P_i)_{1i} \cap \boldsymbol{t}^1(\| P_j)_{1j} = \boldsymbol{t}^1(\| P_1)_{Pa} \tag{2-10}$$

④ 当 P_i 不平行于 P_j

$$\boldsymbol{t}^1(\| P_i)_{1i} \cap \boldsymbol{t}^1(\| P_j)_{1j} = \boldsymbol{t}_{Pa}^0 \tag{2-11}$$

式（2-4）衍生的交运算可用于：

① 已知支链结构类型及两（动、静）平台之间的配置方位，确定并联机构运动输出特征矩阵。

② 已知并联机构运动输出特征矩阵与支链结构类型，确定支链在两（动、静）平台之间的配置方位。

基于式（2-4），机构运动的相关性有以下两个特征：

① 相对于机构运动输出特征矩阵的某一独立运动输出元素，机构中 N_i 条

支链的运动输出特征矩阵 $\boldsymbol{M}_{1i}(i=1,2,\cdots,N_1)$ 相同位置的 N_i 个元素，应皆为独立运动输出元素。

② 机构运动输出特征矩阵的秩 ξ_{Pa} 与各支链的秩 ξ_{1i} 应满足：

$$\xi_{Pa} \leqslant \min\{\xi_{1i}\} \tag{2-12}$$

式中，$\min\{\bullet\}$ 表示取支链秩 $\xi_{1i}(i=1,2,\cdots,N_1)$ 的最小值。

并联机构输出特征方程表明，各支链的运动输出特征矩阵 $\boldsymbol{M}_{1i}$ 应包含（包含运算用 $\supseteq$ 表示）并联机构运动输出特征矩阵 $\boldsymbol{M}_{Pa}$ 的期望输出元素：

$$\boldsymbol{M}_{1i} \supseteq \boldsymbol{M}_{Pa} \qquad i=1,2,\cdots,N_1 \tag{2-13}$$

由于串联机构归属于并联机构支链的等效部分，所以并联机构支链的输出特征矩阵，串联机构同样适用。

2.2.2　方位特征集分析

POC 集用于描述机构任意两个构件相对运动的方位特征，因此，基于 POC 集对串并联机构的设计方法与传统的机构拓扑存在很大的不同。将多自由度串并联机构构型综合的过程分为以下阶段：首先利用单开链单元理论对机构进行分解，把复杂的机构分解成若干条支链，并对复杂运动副进行简化；然后利用尺度约束对支链的运动副进行分析；最后利用 POC 集对分解的机构进行综合计算，且在机构综合计算过程中各步骤都有相对应的计算公式或判定准则。利用此类方法进行构型综合，设计思路清晰，逻辑性强，易于操作。

5 自由度串并联机构研究表明，POC 集方法不仅可用于并联机构综合，而且适用于多自由度串并联机构，且能明确分析多自由度串并联机构的连接方式及运动状态，对复杂机构的分析和优化具有理论指导意义。

POC 集计算公式或判定准则如下。

① 并联机构 POC 集：

$$\boldsymbol{M}_{Pa} = \bigcap_{j=1}^{v+1} \boldsymbol{M}_{bj} \tag{2-14}$$

式中，v 为独立回路数，$v=m-n+1$；m 为运动副数；n 为构件数；$\boldsymbol{M}_{Pa}$ 为并联机构 POC 集；$\boldsymbol{M}_{bj}$ 为第 j 条支链末端 POC 集。

② 串联机构 POC 集：

$$\boldsymbol{M}_{s} = \bigcup_{i=1}^{m} \boldsymbol{M}_{Ji} \tag{2-15}$$

式中，$\boldsymbol{M}_s$ 为串联机构 POC 集；$\boldsymbol{M}_{Ji}$ 为第 i 个运动副 POC 集；$\cup$ 为机构的合并运算。

③ POC 维数：

$$\dim(\boldsymbol{M}) = \dim(\boldsymbol{M}(\boldsymbol{r})) + \dim(\boldsymbol{M}(\boldsymbol{t})) \leqslant F \tag{2-16}$$

式中，$\dim(\boldsymbol{M}(\boldsymbol{r}))$、$\dim(\boldsymbol{M}(\boldsymbol{t}))$分别为机构转动、平移运动的 POC 维数；$F$ 为机构自由度数。

④ 独立位移方程数：

$$\xi = \sum_{j=1}^{v}\left(\dim\left(\bigcap_{i=1}^{j}\boldsymbol{M}_{bi}\right)\cup \boldsymbol{M}_{b(j+1)}\right) \tag{2-17}$$

⑤ 机构自由度：

$$F = \sum_{i=1}^{m} f_i - \xi_j \tag{2-18}$$

式中，f_i 为第 i 个运动副自由度；ξ_j 为第 j 个独立回路的独立位移方程数。

⑥ 基本运动链耦合度：

$$k = \frac{1}{2}\min\left\{\sum_{j=1}^{v}\left|\sum_{i=1}^{m_j} f_i - I_j - \xi_{Lj}\right|\right\} \tag{2-19}$$

式中，m_j 为第 j 个 SOC 的运动副数；I_j 为第 j 个 SOC 的驱动副数；ξ_{Lj} 为第 j 个独立回路位移数。

2.3 串并联机构设计

串并联机构结合并联机构和串联机构自身的特点，弥补了彼此的不足，拥有更加优越的性能，能更好地满足高效率自动化生产的要求。图 2-3 所示为本书所设计的 5 自由度串并联机构。5 自由度串并联机构由并联机构和串联机构组成，其中并联机构由定平台、动平台及 3 条对称支链组成，每条支链由一个移动副和两个万向节连接杆件构成，从定平台到动平台依次为 $P_{i1}U_{i2}U_{i3}$（$i=1,2,3$）。当移动副在定平台滑道上沿竖直方向移动时，3 条支链的复合运动带动并联机构动平台沿 3 个方向上平动。为了满足工程生产要求，以并联机构的动平台为基础，连接一个 2 自由度（绕 x 轴和 z 轴转动）的串联机构，以此增加机构运动空间。

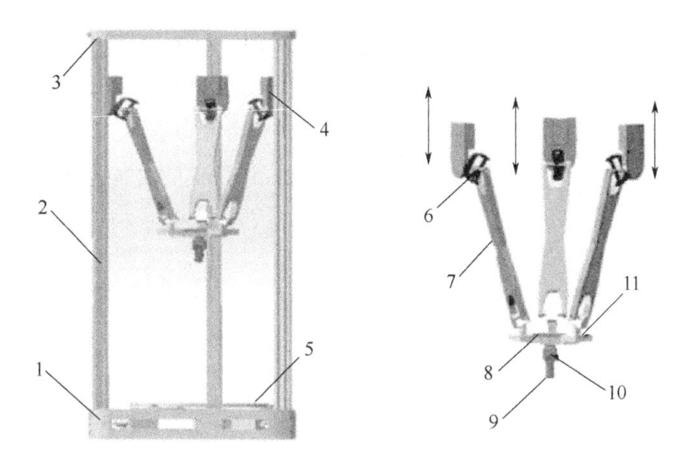

图 2-3　5 自由度串并联机构

1—下定平台；2—滑道；3—上定平台；4—移动副；5—工作台；6—万向节；7—并联杆件；8—串联机构第一转动副；9—末端连接处；10—串联机构第二转动副；11—动平台

2.3.1　并联机构设计

任何运动的机构都可以看成由若干个杆件和运动副单元相连组成，对于本书所研究的 5 自由度串并联机构，可以看成由并联和串联机构构成，再把并联机构和串联机构分解成单支链进行计算，最后再进行构型综合。3PUU 并联机构是由 3 条相同的支链连接定平台和动平台组成的，如图 2-4 所示。

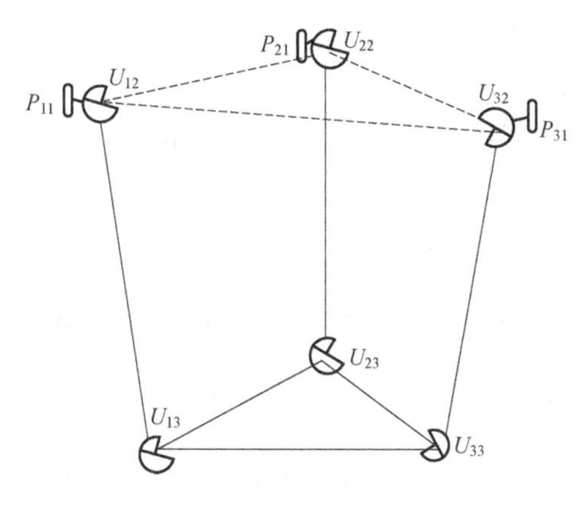

图 2-4　并联机构

对并联机构进一步分解，从图 2-5 所示并联机构支链简图可以看出，并联机构支链通过一个移动副（P）和两个万向节（U）制约着机构的运动，但描述这类支链如何运动还没有确切的表达方式。本章采用单开链单元中运动副尺度约束来描述机构运动副轴线之间的相对方向与位置特征，把万向节描述为由两个垂直运动的转动副相连组成，这样就可以把机构中万向节[图 2-5（a)] 用两个相互垂直的转动副（R）[图 2-5（b)] 代替，对并联机构中的支链进行简化计算。

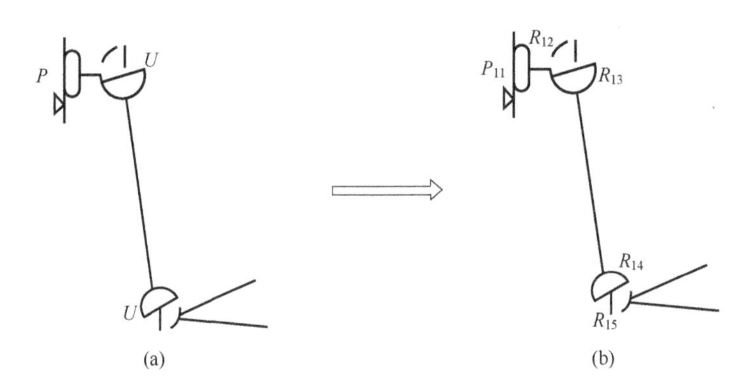

图 2-5　并联机构支链简图

对并联机构支链进行简化处理后，可以得到 3 条支链的拓扑机构

$$\mathrm{SOC}\{-P_{i1}\perp(R_{i2}\perp R_{i3})\|(R_{i4}\perp R_{i5})-\}\quad i=1,2,3 \tag{2-20}$$

根据 SOC 单元可知，本书设计的并联机构是由 3 条支链串联机构组成，根据 POC 集理论可知，选取并联机构动平台上任意一点为基点 O'，根据 POC 方程，求得第 1 条支链的 POC 集为

$$\begin{aligned}\boldsymbol{M}_{b1}&=\begin{bmatrix}\boldsymbol{t}^1(\|P_{11})\cup\boldsymbol{t}^2(\perp\boldsymbol{\rho}_1)\cup\boldsymbol{t}^2(\|\boldsymbol{\rho}_2)\\ \boldsymbol{r}^2(\|\mathrm{C}(R_{14},R_{15}))\end{bmatrix}\\&=\begin{bmatrix}\boldsymbol{t}^3\\ \boldsymbol{r}^2\|\mathrm{C}(R_{14},R_{15})\end{bmatrix}\end{aligned} \tag{2-21}$$

式中，$\boldsymbol{\rho}_1$、$\boldsymbol{\rho}_2$ 为万向节中心到基点 O' 的径矢；$\boldsymbol{M}_{b1}$ 为第 1 条支链的运动输出构件的 POC 集；$\boldsymbol{t}^i$ 为运动副的平移；$\boldsymbol{r}^i$ 为运动副的转动；i 为运动的自由度。

由式（2-21）可知，对于并联机构中的一条支链来说，具有 3 个方向的移动和 2 个方向的转动，即 POC 集的维数为

$$\dim(\boldsymbol{M})=\dim(\boldsymbol{M}(\boldsymbol{r}))+\dim(\boldsymbol{M}(\boldsymbol{t}))=2+3=5 \tag{2-22}$$

同理，可求得并联机构中其他两条支链的 POC 集为

$$\begin{cases} \boldsymbol{M}_{b2} = \begin{bmatrix} \boldsymbol{t}^3 \\ \boldsymbol{r}^2 \parallel \mathrm{C}(R_{24}, R_{25}) \end{bmatrix} \\ \boldsymbol{M}_{b3} = \begin{bmatrix} \boldsymbol{t}^3 \\ \boldsymbol{r}^2 \parallel \mathrm{C}(R_{34}, R_{35}) \end{bmatrix} \end{cases} \tag{2-23}$$

根据 SOC 理论，应把求得支链的方位特征进行构型综合。首先对并联机构中第 1、2 条支链的单 POC 集求交得到两支链 POC 集，由式（2-21）和式（2-23）得

$$\boldsymbol{M}_{Pa(1-2)} = \boldsymbol{M}_{b1} \cap \boldsymbol{M}_{b2} = \begin{bmatrix} \boldsymbol{t}^3 \\ \boldsymbol{r}^1 \parallel (\mathrm{C}(R_{14}, R_{15}) \cap \mathrm{C}(R_{24}, R_{25})) \end{bmatrix} \tag{2-24}$$

由上式可以得到两条支链的 POC 集，根据 POC 集两条支链运动副相互约束，可以得到其运动状态，机构为 3 个方向的平动和 1 个方向的转动。

同理，根据式（2-23）和式（2-24）可求得并联机构动平台的 POC 集：

$$\boldsymbol{M}_{Pa} = \boldsymbol{M}_{Pa(1-2)} \cap \boldsymbol{M}_{b3} = \begin{bmatrix} \boldsymbol{t}^3 \\ \boldsymbol{r}^0 \end{bmatrix} \tag{2-25}$$

由式（2-25）可知，5 自由度串并联机构中的并联机构动平台可以实现 3 个方向的平移，而无任何方向的转动。

通过求解并联机构的 POC 集，求解并联机构的独立位移方程数。机构中转动副都处于垂直状态，首先，以并联机构的第 1、2 条支链为第 1 个独立回路，故并联机构第 1 个独立回路的独立位移方程数 ξ_1 为

$$\begin{aligned} \xi_1 &= \dim\{\boldsymbol{M}_{b1} \cup \boldsymbol{M}_{b2}\} \\ &= \dim\left\{\begin{bmatrix} \boldsymbol{t}^3 \\ \boldsymbol{r}^2 \parallel \mathrm{C}(R_{14}, R_{15}) \end{bmatrix} \cup \begin{bmatrix} \boldsymbol{t}^3 \\ \boldsymbol{r}^2 \parallel \mathrm{C}(R_{24}, R_{25}) \end{bmatrix}\right\} \\ &= \dim\left\{\begin{bmatrix} \boldsymbol{t}^3 \\ \boldsymbol{r}^3 \end{bmatrix}\right\} = 6 \end{aligned} \tag{2-26}$$

由式（2-18）和式（2-26）可求得第 1、2 条支链组成的子并联机构自由度为

$$F_{(1-2)} = \sum_{i=1}^{m} f_i - \sum_{j=1}^{1} \xi_j = 10 - 6 = 4 \tag{2-27}$$

根据 POC 方程和 $F_{(1-2)} = 4$，并根据并联机构上统一运动平面上的 3 个万向节轴线为空间任意交叉，根据求解的子并联机构与第 3 条支链构成的第 2 个独立回路，求得第 2 个独立位移方程数 ξ_2 为

$$
\begin{aligned}
\xi_2 &= \dim\left\{\boldsymbol{M}_{Pa(1-2)} \cup \boldsymbol{M}_{b3}\right\} \\
&= \dim\left\{\begin{bmatrix} \boldsymbol{t}^3 \\ \boldsymbol{r}^1 \parallel (\mathrm{C}(R_{14}, R_{15}) \cap \mathrm{C}(R_{24}, R_{25})) \end{bmatrix} \cup \begin{bmatrix} \boldsymbol{t}^3 \\ \boldsymbol{r}^2 \parallel \mathrm{C}(R_{34}, R_{35}) \end{bmatrix}\right\} \\
&= \dim\left\{\begin{bmatrix} \boldsymbol{t}^3 \\ \boldsymbol{r}^3 \end{bmatrix}\right\} = 6
\end{aligned} \tag{2-28}
$$

由式（2-18）、式（2-26）和式（2-28）可知，并联机构自由度为

$$
F = \sum_{i=1}^{m} f_i - \sum_{j=1}^{2} \xi_j = 15 - (6+6) = 3 \tag{2-29}
$$

由式（2-29）可知，并联机构自由度为 3，与其运动维数相同，表明利用所提出的方法对并联机构进行设计是合理的，为新型并联机构研制提供了理论基础。

根据 SOC 单元分析，由于并联机构 3 条支链相同，考虑到并联机构消极运动副的存在，求解其运动副约束度和耦合度。

第 1 条为 $\mathrm{SOC}_1\{-P_{11} \perp (R_{12} \perp R_{13}) \parallel (R_{14} \perp R_{15}) - (R_{25} \perp R_{24}) \parallel (R_{23} \perp R_{22}) \perp P_{21}-\}$，根据运动副约束度类型，可求得第 1 条支链的约束度 Δ_1：

$$
\Delta_1 = \sum_{i=1}^{m_j} f_i - I_j - \xi_{Lj} = 10 - 2 - 6 = +2 \tag{2-30}
$$

同理，可得 $\mathrm{SOC}_2\{-P_{31} \perp (R_{32} \perp R_{33}) \parallel (R_{34} \perp R_{35})-\}$ 的约束度 Δ_2：

$$
\Delta_2 = \sum_{i=1}^{m_j} f_i - I_j - \xi_{Lj} = 5 - 1 - 6 = -2 \tag{2-31}
$$

该机构存在两个单开链单元，其机构的耦合度如下

$$
k = \frac{1}{2}\min\left\{\sum_{j=1}^{v}\left|\sum_{i=1}^{m_j} f_i - I_j - \xi_{Lj}\right|\right\} = \frac{1}{2}\left(|+2| + |-2|\right) = 2 \tag{2-32}
$$

2.3.2 串联机构设计

本章设计具有两个转动自由度的串联机构连接在并联机构动平台的中心处，如图 2-6 所示，以满足机构在工作过程中的需求。根据 SOC 单元，串联机构可记为

$$
\mathrm{SOC}\{-\widehat{R}_1\widehat{R}_2-\} \tag{2-33}
$$

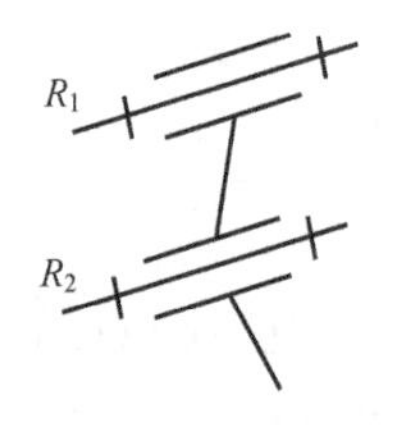

图 2-6　串联机构

由于串联机构中转动副 R_1、R_2 处于不平行状态，可知串联机构 POC 集为

$$\boldsymbol{M}_{\mathrm{s}}=\begin{bmatrix}\boldsymbol{t}^1\perp(R_1,\boldsymbol{\rho}_1)\cup\boldsymbol{t}^1\perp(R_2,\boldsymbol{\rho}_2)\\ \boldsymbol{r}^2\end{bmatrix}=\begin{bmatrix}\boldsymbol{t}^0\\ \boldsymbol{r}^2\end{bmatrix} \tag{2-34}$$

串联机构存在两个方向的转动，为满足实际工作要求，这里选取绕 x 轴和 z 轴转动的串联机构。

2.4 本章小结

本章提出单开链单元-方位特征集理论，对 5 自由度串并联机构进行构型综合，基于机构支链中运动副轴线之间的相对方向与位置特征，系统全面地得到 5 自由度串并联机构位移输出特征。本章的创新点与特色之处有：

① 对 5 自由度串并联机构进行单元功能分解，建立机构运动副尺度约束数学关系，得到机构支链连接方式；

② 对机构支链连接方式进行分析，建立机构位移特征输出矩阵表达形式；

③ 在此基础上，采用方位特征的计算公式或判定准则公式，根据分解的机构进行综合计算，分析 5 自由度串并联机构的运动状态。

本章的研究为后面章节的串并联机构运动学提供了理论依据，同时，也为后续章节讲述 5 自由度串并联机构耦合误差提供了运动副的运动方式和误差建模方法。

第 3 章 串并联机构运动学耦合分析

3.1 概述

基于第 2 章对串并联机构运动形式的分析，建立 5 自由度串并联机构运动学模型，这也是研究机构运动副耦合误差的基础。由于机构为混联机构，且并联机构支链具有封闭性，其运动副关节具有运动耦合特性，使得位置求解变得较为复杂，这就表明位置分析在 5 自由度串并联机构耦合误差研究中占据着重要的地位。

以往对机构的位置分析,大多数是对单一并联机构或者串联机构进行研究。在以往研究中，串联机构的正解简单，逆解较复杂，而并联机构则相反。对于 5 自由度串并联机构，在单一机构的基础上，又叠加了串/并联机构，使得位置分析变得尤为复杂。本章提出了一种单开链单元-矢量解析法，求解并联机构位置正逆解，建立运动副运动形式，建立位置矢量关系。再采用 D-H 法对串联机构建立正逆解方程，对其进行叠加计算，从而求得 5 自由度串并联机构的位置正逆解。基于此，建立机构的速度模型，分析机构的运动状态，再利用 Adams 验证机构构型的正确性和合理性。

3.2 并联机构关节坐标系的建立

根据第 2 章对 5 自由度串并联机构构型分析，建立如图 3-1 所示的动、定平台坐标系。由于并联机构三支链为 120° 对称，分别在定平台和动平台上建立坐标系 $O_A - x_A y_A z_A$ 和 $O_B - x_B y_B z_B$。并联支链上的连接移动副的万向节 A_i

（$i=1,2,3$）以及连接动平台的万向节 B_i 分别在静和动平台上对称排列，移动副在滑道上移动距离为 h_i，静平台和动平台边长分别为 a 和 b。机构处于初始位置时（图中位置为机构初始位置），坐标系 $O_A-x_Ay_Az_A$ 和坐标系 $O_B-x_By_Bz_B$ 中 z 轴处于重合，随着机构的运动，轴线会发生变动。

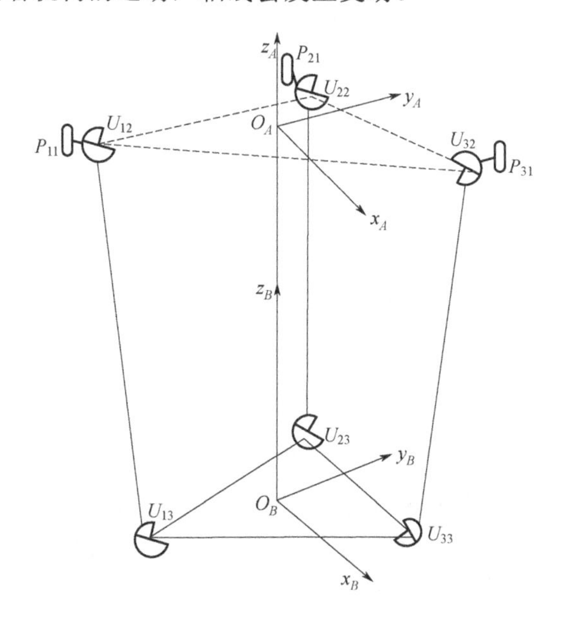

图 3-1　并联机构坐标系

3.3　位置正解分析

3.3.1　并联机构正解

5 自由度串并联机构中，并联机构的位置正解就是已知并联机构移动副 P_1、P_2、P_3 的位移量，求解其动平台 x、y、z 的位置变化。并联机构的正解求解比较复杂，通常是根据机构位置逆解来推导位置正解。在本章中，并联机构的正解求解不是通过位置逆解来逆推的，而是通过并联机构中运动副之间的位置矢量关系，建立相应的约束模型，求并联机构的位置正解。

基于单开链单元，把并联机构分解成支链，在此基础上建立位置矢量关系。图 3-2 所示为以支链为基础建立的位置矢量图。根据位置矢量图，可以写出连接动平台的万向节运动副（$U_{j,i+1}$）的位置矢量方程

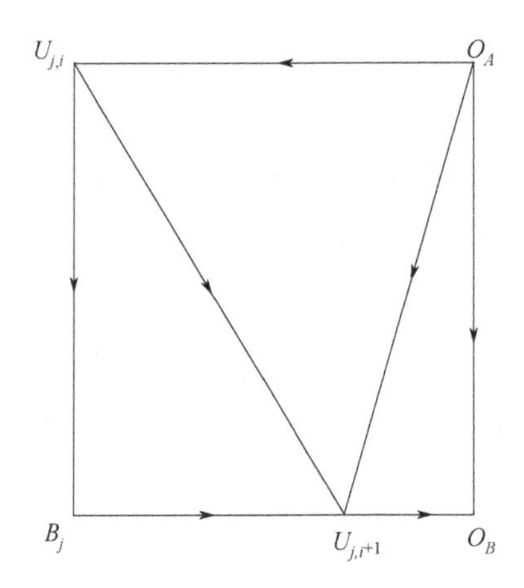

图 3-2 位置矢量图

$$\begin{cases} \boldsymbol{O}_A\boldsymbol{U}_{j,i+1} = \boldsymbol{O}_A\boldsymbol{U}_{j,i} + \boldsymbol{U}_{j,i}\boldsymbol{U}_{j,i+1} \\ \boldsymbol{U}_{j,i}\boldsymbol{U}_{j,i+1} = \boldsymbol{U}_{j,i}\boldsymbol{B}_j + \boldsymbol{B}_j\boldsymbol{U}_{j,i+1} \\ \boldsymbol{O}_A\boldsymbol{U}_{j,i+1} = \boldsymbol{O}_A\boldsymbol{U}_{j,i} + p_j\boldsymbol{e}_j + \boldsymbol{B}_j\boldsymbol{U}_{j,i+1}, \quad j,i=1,2,3 \end{cases} \tag{3-1}$$

式中，p_j为第j条并联机构支架上输入位移；$\boldsymbol{e}_j$为第j条并联机构定平台支架方向上的单位向量；$\boldsymbol{U}_{j,i}\boldsymbol{B}_j = p_j\boldsymbol{e}_j$，因为第一个万向节和移动副相连，可看成瞬时运动量相同。

本章设$\boldsymbol{u}$、$\boldsymbol{v}$、$\boldsymbol{k}$分别为驱动副在定平台坐标系方向上的分量。驱动副连接定平台边长为a，动平台边长为b。根据第 2 章构型综合可知，连接定平台的万向节可看作是两个转动副，由此，设与驱动移动副相连的转角为α_i（设定逆时针转动方向为正，下同），与并联机构支链相连的转角为β_i。

可得沿 3PUU 定平台支架丝杠方向的分量$\boldsymbol{e}_j$为

$$\begin{bmatrix} \boldsymbol{e}_1 \\ \boldsymbol{e}_2 \\ \boldsymbol{e}_3 \end{bmatrix} = \begin{bmatrix} -\cos\beta_1 & \cos\alpha_1 & -\sin\alpha_1\sin\beta_1 \\ -\cos\alpha_2 & -\cos\beta_2 & -\sin\alpha_2\sin\beta_2 \\ \cos\alpha_3 & \cos\beta_3 & -\sin\alpha_3\sin\beta_3 \end{bmatrix} \begin{bmatrix} \boldsymbol{u} \\ \boldsymbol{v} \\ \boldsymbol{k} \end{bmatrix} \tag{3-2}$$

根据位置矢量图可知，驱动副连接定平台上 3 个万向节$U_{j,i}$的位置为

$$\begin{cases} \boldsymbol{O}_A\boldsymbol{U}_{1,2} = -\dfrac{3}{\sqrt{6}}a\boldsymbol{v} \\ \boldsymbol{O}_A\boldsymbol{U}_{2,2} = \dfrac{3}{\sqrt{6}}a\boldsymbol{u} \\ \boldsymbol{O}_A\boldsymbol{U}_{3,2} = \dfrac{3}{\sqrt{6}}a\boldsymbol{u} \end{cases} \tag{3-3}$$

将式（3-1）和式（3-2）代入式（3-3）中，可得与动平台连接万向节 $U_{j,i+1}$ 的坐标为

$$\begin{cases} \boldsymbol{O}_A\boldsymbol{U}_{1,2} = -p_1\left[\boldsymbol{u}\cos\beta_1 + \boldsymbol{k}\sin\alpha_1\sin\beta_1\right] + \left(p_1\cos\alpha_1 - \dfrac{3}{\sqrt{6}}a\right)\boldsymbol{v} + R_1 d_1 \\ \boldsymbol{O}_A\boldsymbol{U}_{2,2} = -p_2\left[\boldsymbol{v}\cos\beta_2 + \boldsymbol{k}\sin\alpha_2\sin\beta_2\right] + \left(\dfrac{3}{\sqrt{6}}a - p_2\cos\alpha_2\right)\boldsymbol{u} + R_2 d_2 \\ \boldsymbol{O}_A\boldsymbol{U}_{3,2} = p_3\left[\boldsymbol{v}\cos\beta_3 - \boldsymbol{k}\sin\alpha_3\sin\beta_3\right] + \left(p_3\cos\alpha_3 + \dfrac{3}{\sqrt{6}}a\right)\boldsymbol{u} + R_3 d_3 \end{cases} \tag{3-4}$$

由于动平台边长为 b，连接动平台运动副中心可得到一组约束方程

$$\begin{cases} \left|\boldsymbol{U}_{1,3}\boldsymbol{U}_{2,3}\right| = b \\ \left|\boldsymbol{U}_{1,3}\boldsymbol{U}_{3,3}\right| = b \\ \left|\boldsymbol{U}_{2,3}\boldsymbol{U}_{3,3}\right| = b \end{cases} \tag{3-5}$$

根据三角形余弦定理可知，利用矢量三角形中边角关系，可以再得到一组驱动副移动时与支链之间的变化角约束方程

$$\begin{cases} \theta_1 = \left(\left|\boldsymbol{U}_{12}\boldsymbol{B}_1\right|^2 + \left|\boldsymbol{U}_{12}\boldsymbol{U}_{13}\right|^2\right) \Big/ \left(2\left|\boldsymbol{U}_{12}\boldsymbol{B}_1\right|\left|\boldsymbol{U}_{12}\boldsymbol{U}_{13}\right|\right) \\ \theta_2 = \left(\left|\boldsymbol{U}_{22}\boldsymbol{B}_2\right|^2 + \left|\boldsymbol{U}_{22}\boldsymbol{U}_{23}\right|^2\right) \Big/ \left(2\left|\boldsymbol{U}_{22}\boldsymbol{B}_2\right|\left|\boldsymbol{U}_{22}\boldsymbol{U}_{23}\right|\right) \\ \theta_3 = \left(\left|\boldsymbol{U}_{32}\boldsymbol{B}_3\right|^2 + \left|\boldsymbol{U}_{32}\boldsymbol{U}_{33}\right|^2\right) \Big/ \left(2\left|\boldsymbol{U}_{32}\boldsymbol{B}_3\right|\left|\boldsymbol{U}_{32}\boldsymbol{U}_{33}\right|\right) \end{cases} \tag{3-6}$$

式中，θ_i 为 3PUU 支链与驱动副移动时变化的夹角，实际上为万向节两个转动角 α_i、β_i 的复合运动角。两者之间存在一定的数学关系，可以进行等价代换，通过整理可以得到关于转动角 α_i 和 β_i 的 6 个方程，最后通过求解就能够得到驱动副连接定平台万向节运动转角的大小。

3.3.2　串联机构正解

该 5 自由度串并联机构的串联机构部分具有绕坐标系 x 轴和 z 轴转动的 2 个自由度。并联机构的动平台中心点的位置正解可作为串联机构的起始点，串联机构的位置正解通过两个转动副转动角求解得到。根据第 2 章串并联机构构型设计可知，2 自由度串联机构的第一个转动副 R_1 绕 x 轴转动角度为 ϕ，第二个转动副 R_2 绕 z 轴转动角度为 φ，根据 D-H 法可以建立串联机构的齐次变换矩阵 $\boldsymbol{T}$

$$T_x = \text{rot}(x,\phi) = \begin{bmatrix} 1 & 0 & 0 & 0 \\ 0 & c\phi & -s\phi & 0 \\ 0 & s\phi & c\phi & 0 \\ 0 & 0 & 0 & 1 \end{bmatrix} \tag{3-7}$$

$$T_z = \text{rot}(z,\varphi) = \begin{bmatrix} c\varphi & -s\varphi & 0 & 0 \\ s\varphi & c\varphi & 0 & 0 \\ 0 & 0 & 1 & 0 \\ 0 & 0 & 0 & 1 \end{bmatrix} \tag{3-8}$$

$$T_1 = \text{rot}(x,\phi)\text{rot}(z,\varphi) = \begin{bmatrix} c\varphi & -s\varphi & 0 & 0 \\ c\phi s\varphi & -s\phi c\varphi & -s\phi & 0 \\ s\phi s\varphi & s\phi c\varphi & c\phi & 0 \\ 0 & 0 & 0 & 1 \end{bmatrix} \tag{3-9}$$

式中，s 表示 sin()；c 表示 cos()；ϕ 和 φ 为串联机构转动角度；左上角 3×3 矩阵为串联机构的旋转矩阵。

由于并联机构为三维移动，设并联机构动平台移动坐标为(x,y,z)，通过 2 自由度串联机构转动后，变换为末端坐标 (x',y',z')，则有

$$\begin{cases} x' = xc\varphi + yc\phi s\varphi + zs\phi s\varphi \\ y' = -xs\varphi - ys\phi c\varphi + zs\phi c\varphi \\ z' = -ys\phi + zc\phi \end{cases} \tag{3-10}$$

式（3-10）为串联部分的位置正解。

3.3.3 串并联机构位置正解

通过 3.3.1 节和 3.3.2 节对并联机构和串联机构位置正解建模，可以求得 5 自由度串并联机构的位置正解。已知并联机构驱动副 P_1、P_2、P_3移动量和串联机构转角 ϕ、φ，根据并联部分位置正解方程解析，确定并联机构动平台 x、y、z 的值，代入式（3-10），然后将 x'、y'、z' 进行求解，这样便可以得到 5 自由度串并联机构末端位置正解值。

3.4 位置逆解分析

3.4.1 串联机构逆解

5 自由度串并联机构中串联部分为 2 自由度转动机构，其位置正逆解相对

简单。对于串联机构来说，位置正解比逆解容易求解，根据 3.3.2 节求解的串联部分位置正解，再反推位置逆解，即已知点求解串联机构转过的角度 ϕ 和 φ 值。

3.4.2　并联机构逆解

由于并联机构为三维移动，可知并联机构齐次变换矩阵如下

$$\boldsymbol{T}_2 = \text{Trans}(x,y,z) = \begin{bmatrix} 1 & 0 & 0 & x \\ 0 & 1 & 0 & y \\ 0 & 0 & 1 & z \\ 0 & 0 & 0 & 1 \end{bmatrix} \tag{3-11}$$

根据图 3-1 建立的并联机构坐标系，可得静坐标系 $O_A - x_A y_A z_A$ 和动坐标系 $O_B - x_B y_B z_B$ 下的万向节坐标

$$\boldsymbol{A} = \begin{bmatrix} \frac{1}{2}a & -\frac{1}{2}a & 0 \\ -\frac{\sqrt{3}}{6}a & -\frac{\sqrt{3}}{6}a & \frac{\sqrt{3}}{3}a \\ h_1 & h_2 & h_3 \end{bmatrix}, \quad \boldsymbol{B} = \begin{bmatrix} \frac{1}{2}b & -\frac{1}{2}b & 0 \\ -\frac{\sqrt{3}}{6}b & -\frac{\sqrt{3}}{6}b & \frac{\sqrt{3}}{3}b \\ 0 & 0 & 0 \end{bmatrix}$$

由于并联机构存在三维移动，设并联机构动平台中点运动坐标如下

$$\boldsymbol{P} = \begin{bmatrix} x \\ y \\ z \end{bmatrix} \tag{3-12}$$

则在动坐标系 $O_B - x_B y_B z_B$ 下万向节相对于动平台的位置矢量方程为

$$\boldsymbol{B}_m = \boldsymbol{B} + \boldsymbol{P} \tag{3-13}$$

由式（3-13）可知，并联机构动平台上万向节相对于动平台位置中心矢量坐标关系如下

$$\boldsymbol{B}_m = \begin{bmatrix} \frac{1}{2}b + x & x - \frac{1}{2}b & x \\ y - \frac{\sqrt{3}}{6}b & y - \frac{\sqrt{3}}{6}b & y + \frac{\sqrt{3}}{3}b \\ z & z & z \end{bmatrix} \tag{3-14}$$

并联机构位置逆解就是已知动平台位置坐标点，求解机构驱动副（P）的输入位移。

由于并联机构动平台相对于定平台做三维移动，且机构 3 条支链杆长不变（定义为刚体），根据上文求得万向节的坐标，可求得移动副行程 h_i。已知各支链均为 l，可得

$$l=\left|\boldsymbol{B}_{mi}-\boldsymbol{A}_i\right| \quad i=1,2,3 \tag{3-15}$$

将并联机构的结构参数与动、静平台上万向节坐标代入式（3-15），得

$$\begin{cases} l^2=\left(\dfrac{1}{2}b+x-\dfrac{1}{2}a\right)^2+\left(y-\dfrac{\sqrt{3}}{6}b+\dfrac{\sqrt{3}}{6}a\right)^2+(z-h_1)^2 \\ l^2=\left(x-\dfrac{1}{2}b+\dfrac{1}{2}a\right)^2+\left(y-\dfrac{\sqrt{3}}{6}b+\dfrac{\sqrt{3}}{6}a\right)^2+(z-h_2)^2 \\ l^2=x^2+\left(y+\dfrac{\sqrt{3}}{3}b-\dfrac{\sqrt{3}}{3}a\right)^2+(z-h_3)^2 \end{cases} \tag{3-16}$$

上式经变形，可得移动副移动量

$$\begin{cases} h_1=z+\sqrt{l^2-\left(\dfrac{1}{2}b+x-\dfrac{1}{2}a\right)^2-\left(y-\dfrac{\sqrt{3}}{6}b+\dfrac{\sqrt{3}}{6}a\right)^2} \\ h_2=z+\sqrt{l^2-\left(x-\dfrac{1}{2}b+\dfrac{1}{2}a\right)^2-\left(y-\dfrac{\sqrt{3}}{6}b+\dfrac{\sqrt{3}}{6}a\right)^2} \\ h_3=z+\sqrt{l^2-x^2-\left(y+\dfrac{\sqrt{3}}{3}b-\dfrac{\sqrt{3}}{3}a\right)^2} \end{cases} \tag{3-17}$$

给定并联机构动平台中心坐标值，根据式（3-17）可求得移动副在定平台上的行程 h_i，即得到并联机构的位置逆解。

3.4.3 串并联机构位置逆解

通过对并联机构和串联机构位置逆解求解的结果，可求得 5 自由度串并联机构位置逆解。对 5 自由度串并联机构位置逆解通过机构齐次变换矩阵来求解，即将并联机构动平台坐标系转换到并联部分定平台静坐标系上。将机构的串联机构和并联机构的齐次变换矩阵合成，就可以得到 5 自由度串并机构的齐次变换矩阵 $\boldsymbol{T}$

$$\boldsymbol{T}=\boldsymbol{T}_2\boldsymbol{T}_1=\begin{bmatrix} c\varphi & -s\varphi & 0 & x \\ c\phi s\varphi & -s\phi c\varphi & -s\phi & y \\ s\phi s\varphi & s\phi c\varphi & c\phi & z \\ 0 & 0 & 0 & 1 \end{bmatrix} \tag{3-18}$$

由式（3-18）的齐次变换矩阵可知，通过 5 自由度串并联机构的位置逆解已知参数，可求得并联机构的驱动副输入量和串联机构 2 自由度转角的未知参数。

3.5　并联机构速度分析

第 2 章求得的并联机构仅为 x、y、z 三维移动，且动平台相对于定平台位置移动，故机构动平台不存在末端位置角速度和角加速度。分析并联机构速度时，只需建立并联机构移动副速度和动平台三维运动之间的方程。设 $\boldsymbol{v}$ 为并联机构支链移动副速度矢量，$\boldsymbol{n}$ 为并联机构动平台三维移动方向速度矢量，再结合雅可比矩阵，建立并联机构支链移动副速度与机构动平台速度的方程

$$\boldsymbol{v}_{bi}=\boldsymbol{V}\boldsymbol{n}\sin\theta_i \quad i=1,2,3 \tag{3-19}$$

式中，$\boldsymbol{v}_{bi}$ 为机构第 i 条支链速度矢量，$\boldsymbol{v}_{bi}=[v_1 \quad v_2 \quad v_3]^{\mathrm{T}}$；$\boldsymbol{n}$ 为动平台移动速度矩阵；$\boldsymbol{V}=[V_1 \quad V_2 \quad V_3]^{\mathrm{T}}$；$\theta_i$ 为移动副移动时和并联机构连杆之间的变化角。如图 3-3 所示，图中 H 为支架的高度。

根据图 3-3 可知，移动副在滑道上移动，机构中 3 条支链带动动平台产生移动，就可以得到驱动副移动时与支链之间的变化角，根据三角函数可得

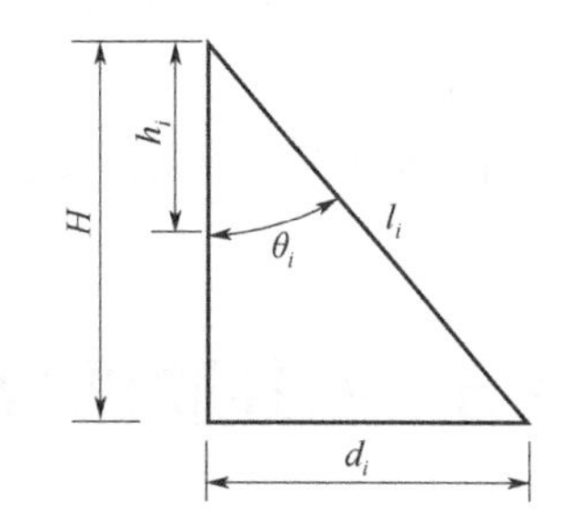

图 3-3　驱动副移动变化角

$$\sin\theta_i=\frac{d_i}{l_i} \tag{3-20}$$

式中，d_i 为并联机构连接支链与支架之间的距离变化量。

根据求得的万向节坐标值，求得并联机构连接支链与支架之间距离变化量

$$\begin{cases} d_1=\sqrt{\left(\dfrac{1}{2}b+x-\dfrac{1}{2}a\right)^2+\left(y-\dfrac{\sqrt{3}}{6}b-\dfrac{\sqrt{3}}{6}a\right)^2} \\ d_2=\sqrt{\left(x-\dfrac{1}{2}b-\dfrac{1}{2}a\right)^2+\left(y-\dfrac{\sqrt{3}}{6}b-\dfrac{\sqrt{3}}{6}a\right)^2} \\ d_3=\sqrt{x^2+\left(y+\dfrac{\sqrt{3}}{3}b-\dfrac{\sqrt{3}}{3}a\right)^2} \end{cases} \tag{3-21}$$

通过式（3-19），可得移动副驱动速度矢量方程

$$\begin{bmatrix} v_1 \\ v_2 \\ v_3 \end{bmatrix} = \begin{bmatrix} \boldsymbol{n}_1^{\mathrm{T}} \\ \boldsymbol{n}_2^{\mathrm{T}} \\ \boldsymbol{n}_3^{\mathrm{T}} \end{bmatrix} \sin\theta_i \begin{bmatrix} V_1 \\ V_2 \\ V_3 \end{bmatrix} \tag{3-22}$$

式中

$$\begin{bmatrix} \boldsymbol{n}_1^{\mathrm{T}} \\ \boldsymbol{n}_2^{\mathrm{T}} \\ \boldsymbol{n}_3^{\mathrm{T}} \end{bmatrix} = \begin{bmatrix} \dfrac{\partial h_1}{\partial x} & \dfrac{\partial h_1}{\partial y} & \dfrac{\partial h_1}{\partial z} \\ \dfrac{\partial h_2}{\partial x} & \dfrac{\partial h_2}{\partial y} & \dfrac{\partial h_2}{\partial z} \\ \dfrac{\partial h_3}{\partial x} & \dfrac{\partial h_3}{\partial y} & \dfrac{\partial h_3}{\partial z} \end{bmatrix}$$

将式（3-22）变形为矩阵方程：

$$\boldsymbol{v} = \boldsymbol{J}\boldsymbol{V}^{\mathrm{T}} \tag{3-23}$$

式中，雅可比矩阵为 $\boldsymbol{J} = \begin{bmatrix} \boldsymbol{n}_1^{\mathrm{T}} \sin\theta_1 \\ \boldsymbol{n}_2^{\mathrm{T}} \sin\theta_2 \\ \boldsymbol{n}_3^{\mathrm{T}} \sin\theta_3 \end{bmatrix}$，给定动平台输出三维移动量，就可以得到支架上移动副的行程，对其求导，代入式（3-19）就可求得移动副的输入速度。

3.6 串并联机构末端速度分析

5 自由度串并联机构速度分析主要解决的问题是，已知并联机构 3 个驱动副的输入速度（v_1，v_2，v_3）以及串联机构在其转动副轴线输入的转角速度（ϕ，φ），求解机构末端的输出速度 $\boldsymbol{V}'$（V_x'，V_y'，V_z'）以及输出角速度 $\boldsymbol{\omega}'$（ω_x'，ω_z'）。

机构的传递速度和速度合成

$$\boldsymbol{V}_n = \begin{bmatrix} V_x \\ V_y \\ V_z \end{bmatrix} = \begin{bmatrix} V_1 \\ V_2 \\ V_3 \end{bmatrix} \tag{3-24}$$

$$\boldsymbol{\omega}_n = \phi \boldsymbol{n}_x \tag{3-25}$$

$$\boldsymbol{V}' = \begin{bmatrix} V_1 \\ V_2 \\ V_3 \end{bmatrix} + \begin{bmatrix} \omega_x' \\ 0 \\ \omega_z' \end{bmatrix} n_G \tag{3-26}$$

$$\omega' = \begin{bmatrix} \omega_x \\ \omega_y \\ \omega_z \end{bmatrix} + \phi n_G \tag{3-27}$$

$$\boldsymbol{V}' = \begin{bmatrix} V_1 \\ V_2 \\ V_3 \end{bmatrix} + \begin{bmatrix} \omega_x \\ \omega_y \\ \omega_z \end{bmatrix} n_P + \begin{bmatrix} \omega_x' \\ 0 \\ \omega_z' \end{bmatrix} n_G \tag{3-28}$$

$$\boldsymbol{V}' = \begin{bmatrix} V_1 \\ V_2 \\ V_3 \end{bmatrix} + \varphi \boldsymbol{n}_x (n_P + n_G) + \phi \boldsymbol{n}_z n_G \tag{3-29}$$

式中，$\boldsymbol{\omega}_n$ 为串联机构与并联机构动平台相连的转动副角速度；$\boldsymbol{n}_x$ 为动坐标系下 x 轴所表示的单位矢量；$\boldsymbol{n}_z$ 为动坐标系下 z 轴所表示的单位矢量；n_G 为串联机构转动副到末端执行器的矢径大小；n_P 为坐标系参考点 P 到串联机构转动副的矢径大小。

设式（3-29）中 $r_1 = n_P + n_G$，$r_2 = n_G$，通过对式（3-29）进一步变形，就得

$$\begin{aligned} \boldsymbol{V}' &= \boldsymbol{J}\boldsymbol{v} + \phi \boldsymbol{n}_x \boldsymbol{r}_1 + \varphi \boldsymbol{n}_z \boldsymbol{r}_2 \\ &= \boldsymbol{J}(\boldsymbol{n}_x \boldsymbol{r}_1)(\boldsymbol{n}_z \boldsymbol{r}_2) \begin{bmatrix} v_1 \\ v_2 \\ v_3 \\ \phi \\ \varphi \end{bmatrix} \end{aligned} \tag{3-30}$$

把式（3-25）代入式（3-27），可得串联机构角速度矩阵为

$$\begin{aligned} \boldsymbol{\omega}' &= \boldsymbol{n}_x \phi + \boldsymbol{n}_z \varphi \\ &= \begin{bmatrix} \boldsymbol{n}_x & \boldsymbol{n}_z \end{bmatrix} \begin{bmatrix} \phi \\ \varphi \end{bmatrix} \end{aligned} \tag{3-31}$$

对式（3-30）和式（3-31）进行整理就可得

$$\begin{bmatrix} \boldsymbol{V}' \\ \boldsymbol{\omega}' \end{bmatrix} = \begin{bmatrix} \boldsymbol{J} & \boldsymbol{n}_x r_1 & \boldsymbol{n}_z r_2 \\ \boldsymbol{0} & \boldsymbol{n}_x & \boldsymbol{n}_z \end{bmatrix} \begin{bmatrix} v_1 \\ v_2 \\ v_3 \\ \phi \\ \varphi \end{bmatrix}$$

$$=\begin{bmatrix} \boldsymbol{n}_1^{\mathrm{T}}\sin\theta_1 & \boldsymbol{n}_2^{\mathrm{T}}\sin\theta_1 & \boldsymbol{n}_2^{\mathrm{T}}\sin\theta_1 & \boldsymbol{n}_x r_1 & \boldsymbol{n}_z r_2 \\ 0 & 0 & 0 & \boldsymbol{n}_x & \boldsymbol{n}_z \end{bmatrix}\begin{bmatrix} v_1 \\ v_2 \\ v_3 \\ \varphi \\ \phi \end{bmatrix} \tag{3-32}$$

由式（3-32）可知，已知并联机构移动副的输入速度（v_1，v_2，v_3）及串联机构转动副输入角速度（ϕ，φ），就可以求得5自由度串并联机构中并联机构运动副输出速度、串联机构转动副输出角速度以及末端位置移动速度。

3.7 串并联机构运动仿真分析

为了验证5自由度串并联结构综合的正确性，利用Adams对其进行运动仿真。先用SolidWorks三维建模软件建立5自由度串并联机构的三维模型，然后将5自由度串并联机构的三维模型导入Adams软件中，设置机构相关参数，施加约束，建立三维仿真模型。根据运动需求设置机构驱动函数，通过仿真，得到5自由度串并联机构末端位置的位移、速度和关节速度变化曲线。

为了验证设计的5自由度串并联机构是正确且可实际应用的，同时验证机构运动过程的合理性，采用Adams对机构进行运动仿真。表3-1所示为5自由度串并联机构的主要技术参数。

表3-1　5自由度串并联机构技术参数

x轴运动范围/mm	y轴运动范围/mm	z轴运动范围/mm	绕x轴转动角度/(°)	绕z轴转动角度/(°)	a/mm	b/mm
[−180　180]	[−180　180]	[0　200]	(−π/2　π/2)	(−π/4　π/4)	240	100

为了验证机构运动的合理性，在Adams软件中设定并联机构动平台运动函数$x=-60\cos(0.25t)+60$，$y=60\sin(0.25t)$，$z=-100\sin(0.5\pi t)+100$，如图3-4所示，依次来分析并联机构位置逆解、速度等指标。

利用Adams软件对并联机构运动副施加约束，如图3-5所示，为使并联机构动平台输出沿着特定的空间轨迹，必须使各输入运动关节实现相对应运动，从而实现并联机构控制策略的简单化。采用Adams仿真的目的是更简便地观察机构中运动副与各构件之间的运动形式，验证5自由度串并联机构在运动过程中各关节和杆件是否发生干涉，以此来考察和评价5自由度串并联机构的末端运动轨迹和速度是否符合设计要求。当5自由度串并联机构以设定的驱动函数运动时，其末端位置位移、速度和各关节速度与机构移动副位移量、速度存在严格的内在联系。

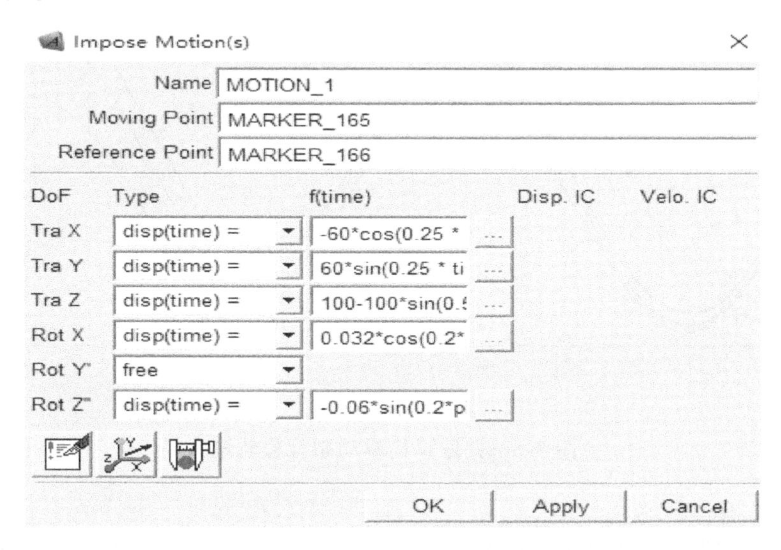

图 3-4　并联机构动平台运动函数

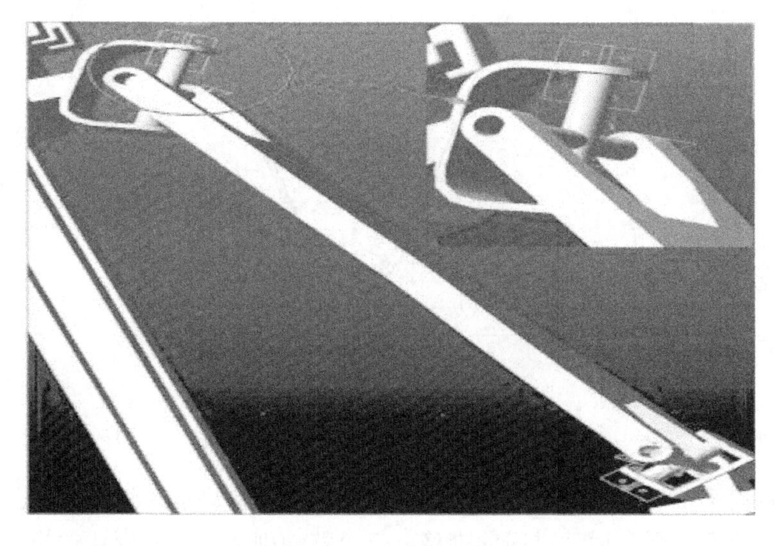

图 3-5　万向节约束

为了使并联机构动平台按照所给定的运动规律实现三维运动，设定 5 自由度串并联机构仿真时间为 8s，设置仿真步数为 800 步，可以获得驱动移动副的行程轨迹，如图 3-6 所示，同时也可以得到驱动移动副的速度曲线，如图 3-7 所示。

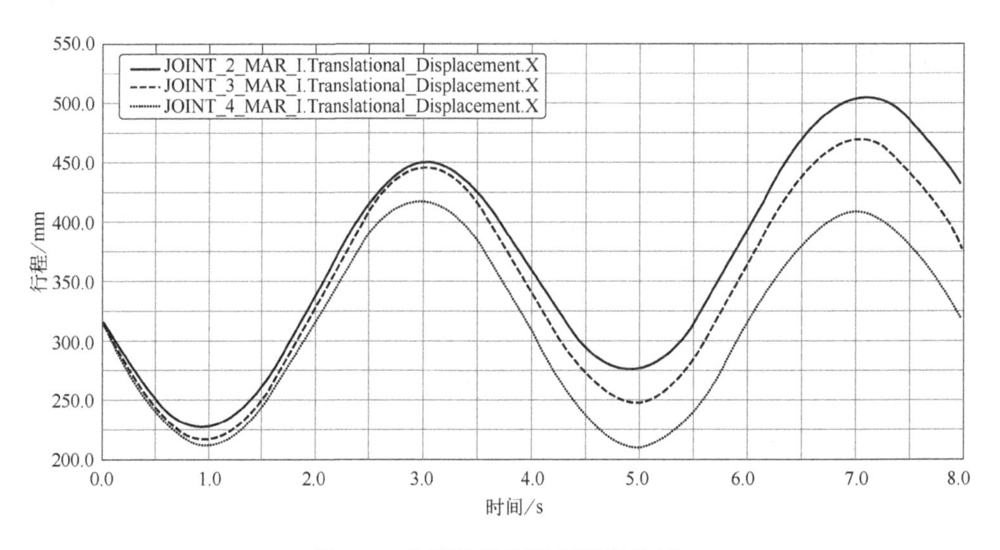

图 3-6 并联机构驱动副行程轨迹

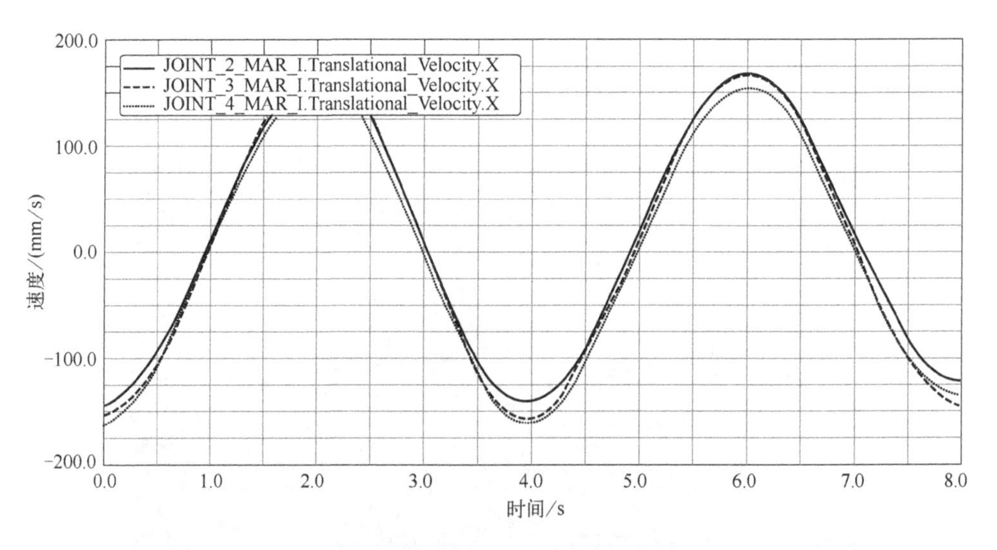

图 3-7 并联机构驱动副速度曲线

给定动平台三维运动函数后，就可以得到驱动滑块运动规律，从图 3-6 中可看出，随着动平台运动时间的推移，三个移动副运动行程变化加快，最终达到移动副给定的最大行程 $h = 200\text{mm}$，最大绝对误差在 0.36%。同理，从图 3-7 中可以看出，移动副在移动过程中平稳，三个驱动副最大偏差 $v = \pm 10\text{mm/s}$，最大绝对误差在 0.43%。

为了进一步验证所设计的串并联机构可行，给出串联机构的驱动函数，如图 3-4 所示，绕 x 轴转动 $x = 0.032\cos(0.2\pi t) + 0.032$ 以及绕 z 轴转动 $z = -0.06\sin 0.2(\pi t)$。

同理，设定 5 自由度串并联机构仿真时间为 8s，仿真步数为 800 步。可以得到串联机构转动角曲线，如图 3-8 和图 3-9 所示。

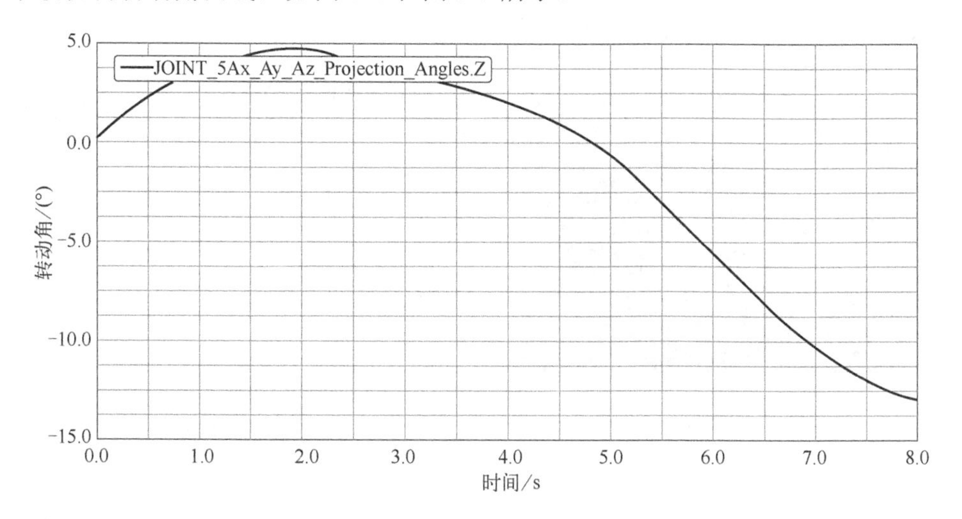

图 3-8　串联结构绕 x 轴转动角曲线

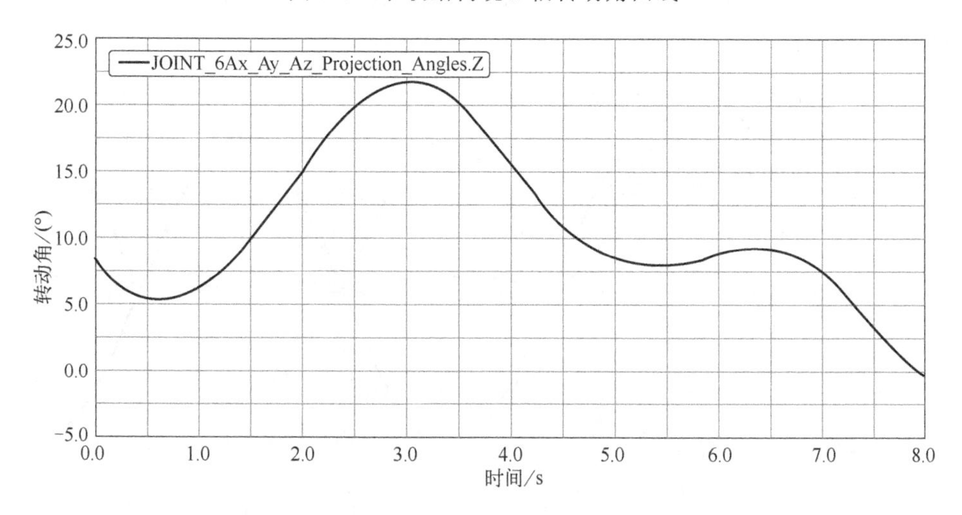

图 3-9　串联结构绕 z 轴转动角曲线

当进一步给定串联机构中转动副运动函数时，从图 3-8 和图 3-9 可以看出单根杆的转动幅度比较大，随着时间的持续，最终的运动趋势相近，符合串联机构运动空间大、灵活性好等特点。

根据上文对并联机构和串联机构施加驱动函数，进行仿真，验证设计的 5 自由度串并联机构是否符合任务要求，连杆间是否产生干涉。同理，对 5 自由度串并联机构设定仿真时间为 8s，设置仿真步数为 800 步，得到 5 自由度串并联机构末端位置三维方向运动轨迹，如图 3-10（a）所示，从仿真界面运动可以看出，机构运动连续且较平稳，符合设计的 5 自由度串并联机构的运动情况。导出运动轨迹图，如图 3-10（b）所示。

(a) 末端轨迹运动视图

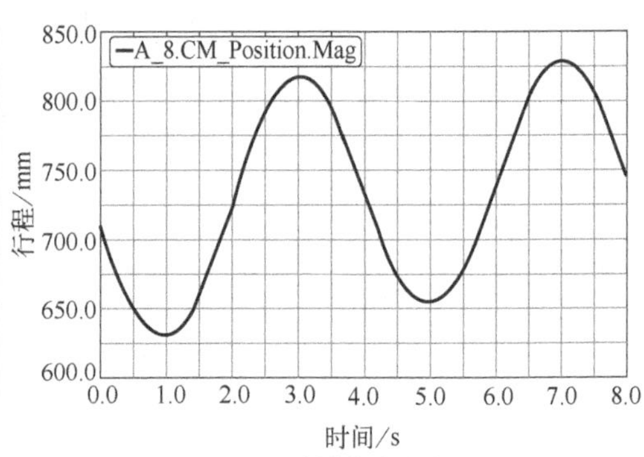

(b) 末端轨迹运动图

图 3-10　末端轨迹曲线

根据末端运动轨迹，可以进一步探究 5 自由度串并联机构的运动速度情况，如图 3-11 所示。

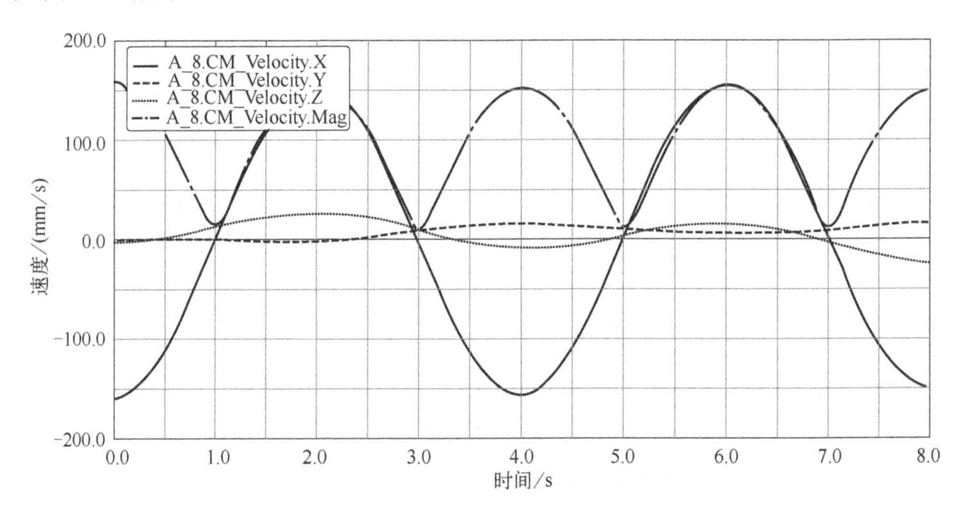

图 3-11　5 自由度串并联机构运动速度

从图 3-11 可以看出，5 自由度串并联机构三维运动速度和末端速度从整体上看呈三角函数运动形式且运动较平稳，由于并联机构沿 z 轴运动范围比较大，同等时间内，速度比动平台其他两个方向快。5 自由度串并联机构运动速度可以正确揭示机构输入与输出的规律，较好地体现了机构运动存在一定的耦合特性与非线性关系，也进一步为5自由度串并联机构精确控制提供了参考依据。

3.8 本章小结

本章分别对串并联机构的位置和速度进行了研究，进一步分析了串并联机构的运动类型。本章的创新点与特色之处有：

① 针对5自由度串并联机构位置正逆解求解的问题，将位置正逆解分成两部分研究，先分别对并联机构和串联机构进行位置正逆解建模，然后将两部分求解结果进行合成，从而求得5自由度串并联机构的位置正逆解。对并联机构位置正逆解求解时，提出一种单开链单元-矢量解析法，对并联机构建立坐标系，再通过并联机构运动副运动位置和约束条件建立矢量方程，进行机构位置正逆解研究。串联机构采用D-H矩阵进行位置正逆解的求解。最后，通过两机构位置正逆解合成得到5自由度串并联机构的齐次变换矩阵，从而求解其位置正逆解。

② 基于5自由度串并联机构的位置研究，进一步对机构速度进行分析，得到驱动副和机构运动参数的方程。基于此，运用Adams仿真软件对5自由度串并联机构进行运动仿真，验证机构构型的正确性。仿真结果表明，设计的5自由度串并联机构杆件、运动副之间正常运动，无干涉产生。

第 4 章 串并联机构耦合误差分析

4.1 概述

机构技术不断成熟与完善，精度依旧是评价多自由度混联机构的重要指标，也是机构在机械领域能否被广泛应用的性能指标。由于在机械领域没有明确有效的消除机构误差的方法，因此精度问题无论在理论研究上还是实际应用上都备受国内外学者的关注。对于 5 自由度串并联机构末端执行器精度，主要考虑机构在运动过程中运动副磨损误差的影响。由于并联机构存在耦合特性，导致并联机构考虑运动副磨损误差时也要考虑耦合特性，使得误差源之间并不是简单的线性叠加关系。由于并联机构和串联机构构型机理具有很大差异，故并联机构和串联机构运动副磨损误差对机构末端执行器精度的影响也有很大区别，导致其无法建立统一的误差模型。

针对上述问题，本章在第 3 章机构运动学耦合分析基础上，提出单开链单元-局部指数积公式法。此方法是把复杂的 5 自由度串并联机构分解成支链建立误差模型，再把支链误差模型进行组合，构成串并联机构误差模型。

4.2 并联机构耦合误差建模

4.2.1 并联机构支链运动误差模型

根据第 2 章对 5 自由度串并联机构构型综合可知，基于单开链单元把机构分解成若干支链，建立耦合误差模型。基于运动学逆解，以单开链单元为基础，利用局部指数积公式建立并联机构的运动耦合误差模型。

根据第 3 章分析 5 自由度串并联机构支链的运动状态，基于指数积公式建立机构运动学模型

$$\boldsymbol{T}_j(\boldsymbol{p}_{j+1})=\boldsymbol{T}_j(\boldsymbol{0})\mathrm{e}^{\hat{\varsigma}_{j+1}\boldsymbol{p}_{j+1}}=\mathrm{e}^{\hat{\boldsymbol{p}}_j}\mathrm{e}^{\hat{\varsigma}_{j+1}\boldsymbol{p}_{j+1}}=\begin{bmatrix}\boldsymbol{R}_j & \boldsymbol{t}_j\\ \boldsymbol{0}_3^{\mathrm{T}} & \boldsymbol{1}\end{bmatrix} \tag{4-1}$$

式中，$\boldsymbol{T}_j(\boldsymbol{0})$ 为机构初始时在静/动坐标系下的相对位姿；$\boldsymbol{p}_j$ 为移动副坐标矩阵元素；p_{j+1} 为下一个关节坐标矩阵元素；$\hat{\varsigma}_{j+1}$ 和 $\hat{\boldsymbol{p}}_j$ 分别为 ς_{j+1} 和 $\boldsymbol{p}_j$ 的旋量坐标（由 ς_{j+1} 和 $\boldsymbol{p}_j$ 的伴随矩阵计算得到）。

由于研究机构耦合误差是由 5 自由度串并联机构的运动副（除去机构的驱动副，即移动副 P）入手，所以在机构误差模型中只存在转动副（并联机构中万向节转化为转动副）的运动误差对机构的影响。因此本章从转动副的速度 $\boldsymbol{v}$ 和角速度 $\boldsymbol{\omega}$ 着手分析，由此，转动副旋量表达式为

$$\varsigma=\begin{bmatrix}\boldsymbol{\omega}^{\mathrm{T}} & \boldsymbol{v}^{\mathrm{T}}\end{bmatrix} \tag{4-2}$$

式中，$\boldsymbol{\omega}^{\mathrm{T}}$、$\boldsymbol{v}^{\mathrm{T}}$ 分别为 $\boldsymbol{\omega}$、$\boldsymbol{v}$ 的转置。

为了明确机构关节的运动方式，对式（4-2）进一步变化，可得关节的旋量矩阵

$$\hat{\varsigma}=\begin{bmatrix}\hat{\boldsymbol{\omega}} & \boldsymbol{v}\\ \boldsymbol{0}_3^{\mathrm{T}} & \boldsymbol{1}\end{bmatrix} \tag{4-3}$$

式中，$\hat{\boldsymbol{\omega}}=\begin{bmatrix}0 & -\omega_z & \omega_y\\ \omega_z & 0 & -\omega_x\\ -\omega_y & \omega_x & 0\end{bmatrix}$，其中 ω_x、ω_y、ω_z 分别为转动副绕 x、y、z 轴的转动角速度。

式（4-1）中，$\boldsymbol{R}_j$ 和 $\boldsymbol{t}_j$ 表示机构相邻关节运动的相对位姿关系，令 $\boldsymbol{R}_j=\mathrm{e}^{\hat{\boldsymbol{\omega}}_{p_j}}$，$\boldsymbol{t}_j=(\boldsymbol{I}_3-\mathrm{e}^{\hat{\boldsymbol{\omega}}_{p_j}})(\boldsymbol{\omega}_{p_j}+\boldsymbol{v}_{p_j})+\boldsymbol{\omega}_{p_j}\boldsymbol{\omega}_{p_j}^{\mathrm{T}}\boldsymbol{v}_{p_j}$，由此，指数积公式 $\mathrm{e}^{\hat{\boldsymbol{p}}_j}$ 可改写为

$$\mathrm{e}^{\hat{\boldsymbol{p}}_j}=\begin{bmatrix}\mathrm{e}^{\hat{\boldsymbol{\omega}}_{p_j}} & (\boldsymbol{I}_3-\mathrm{e}^{\hat{\boldsymbol{\omega}}_{p_j}})(\boldsymbol{\omega}_{p_j}+\boldsymbol{v}_{p_j})+\boldsymbol{\omega}_{p_j}\boldsymbol{\omega}_{p_j}^{\mathrm{T}}\boldsymbol{v}_{p_j}\\ \boldsymbol{0}_3^{\mathrm{T}} & \boldsymbol{1}\end{bmatrix} \tag{4-4}$$

设 $\boldsymbol{\omega}_{p_j}$ 为单位矢量，根据 Rodrigues 旋量公式可将式（4-4）中 $\mathrm{e}^{\hat{\boldsymbol{\omega}}_{p_j}}$ 转化为

$$\mathrm{e}^{\hat{\boldsymbol{\omega}}_{p_j}}=\boldsymbol{I}_3+\hat{\boldsymbol{\omega}}_{p_j}\sin 1+\hat{\boldsymbol{\omega}}_{p_j}(1-\cos 1) \tag{4-5}$$

在式（4-1）中，旋量坐标 $\hat{\varsigma}_{j+1}$ 是在第 3 章建立的坐标系中表示的，在本章设为常量。3PUU 机构的支链简化为由转动副和移动副构成的运动形式，因此式中 $\hat{\varsigma}_{j+1}$ 可以表达为

$$\begin{cases}\hat{\varsigma}_P=[0\quad 0\quad 0\quad 0\quad 0\quad 1]\\ \hat{\varsigma}_R=[0\quad 0\quad 1\quad 0\quad 0\quad 0]\end{cases}\tag{4-6}$$

式中，$\hat{\varsigma}_P$ 和 $\hat{\varsigma}_R$ 分别表示机构的移动副与转动副的旋量坐标。

为了进一步明确并联机构运动形式，将式（4-4）～式（4-6）进行合并，可得并联机构运动关节在运动时的位姿变换矩阵

$$\begin{cases}\mathrm{e}^{\hat{\varsigma}_P \boldsymbol{q}_{j+1}}=\begin{bmatrix}\boldsymbol{I}_3 & \boldsymbol{e}_3\boldsymbol{q}_{j+1}\\ \boldsymbol{0}_3^{\mathrm{T}} & \boldsymbol{1}\end{bmatrix}\\ \mathrm{e}^{\hat{\varsigma}_R \boldsymbol{q}_{j+1}}=\begin{bmatrix}\boldsymbol{I}_3+\hat{\boldsymbol{e}}_3\sin\boldsymbol{q}_{j+1}+\hat{\boldsymbol{e}}_3^2(1-\cos\boldsymbol{q}_{j+1}) & \boldsymbol{0}_3\\ \boldsymbol{0}_3^{\mathrm{T}} & \boldsymbol{1}\end{bmatrix}\end{cases}\tag{4-7}$$

式中，$\boldsymbol{e}_3$ 为单位矢量，可表达为 $\boldsymbol{e}_3=[0,0,1]^{\mathrm{T}}$。

对于多自由度运动副机构，其复杂的运动副通过单开链单元原理简化成多个单自由度运动副依次连接的运动形式。对于本书研究的 5 自由度串并联机构的并联部分，运动关节（U）简化为两个转动副。根据第 3 章图 3-1 并联机构坐标系可知，在并联机构定、动平台分别建立相应的坐标系，并联机构运动支链按照局部指数积模型建立运动模型，根据式（4-1）中表述机构相邻运动构件的位姿关系——从定平台坐标系到动平台坐标系的正向运动方程，再基于局部指数积公式对并联机构支链正向运动学进行建模

$$\boldsymbol{T}_e=\boldsymbol{T}_{0,i}(\boldsymbol{0})\mathrm{e}^{\varsigma_{1,i}\boldsymbol{q}_{1,i}}\boldsymbol{T}_{1,i}(\boldsymbol{0})\mathrm{e}^{\varsigma_{2,i}\boldsymbol{q}_{2,i}}\ldots\boldsymbol{T}_{n-1,i}(\boldsymbol{0})\mathrm{e}^{\varsigma_{n-1,i}\boldsymbol{q}_{n-1,i}}\boldsymbol{T}_{n,i}(\boldsymbol{0})\tag{4-8}$$

式中，$\varsigma_{n,i}$ 为并联机构处于初始位姿时支链 i 中关节 n 在定坐标系下的坐标。

其中，$\boldsymbol{T}_e(\boldsymbol{0})$ 为并联机构处于初始位姿时动平台坐标系相对于定平台坐标系的位姿，可通过下式计算得出

$$\boldsymbol{T}_e(\boldsymbol{0})=\boldsymbol{T}_{0,i}(\boldsymbol{0})\boldsymbol{T}_{1,i}(\boldsymbol{0})\cdots\boldsymbol{T}_{n-1,i}(\boldsymbol{0})\boldsymbol{T}_{n,i}(\boldsymbol{0})\tag{4-9}$$

对式（4-8）求全微分可得基于 dyad 模型描述的机构运动误差映射模型，并联机构支链误差模型为

$$\delta\boldsymbol{T}_j(\boldsymbol{q}_{j+1})\boldsymbol{T}_J^{-1}(\boldsymbol{q}_{j+1})=\delta\boldsymbol{T}_j(0)\boldsymbol{T}_J^{-1}(0)+\boldsymbol{T}_j(\boldsymbol{q}_{j+1})\hat{\varsigma}_{j+1}\boldsymbol{T}_J^{-1}(\boldsymbol{q}_{j+1})\delta\boldsymbol{q}_{j+1}\tag{4-10}$$

由式（4-10）可知，坐标系中相邻运动副的位姿误差可以表达为旋量坐标

的形式

$$\delta \boldsymbol{e}_j = \boldsymbol{A}_{pj}\delta \boldsymbol{p}_j + \hat{\boldsymbol{\varsigma}}_{j+1,j}\delta \boldsymbol{q}_{j+1} \tag{4-11}$$

式中，$\hat{\boldsymbol{\varsigma}}_{j+1,j}$ 为并联机构中 j+1 个运动副的旋量坐标在动坐标系下的表述，系数矩阵 $\boldsymbol{A}_{pj}$ 可通过下式计算得到：

$$\begin{cases} \boldsymbol{A}_{p_j} = \boldsymbol{I}_6 + \dfrac{4-\varphi S_\varphi - 4C_\varphi}{2\varphi^2}\boldsymbol{Z} + \dfrac{4\varphi - 5S_\varphi - \varphi C_\varphi}{2\varphi^3}\boldsymbol{Z}^2 & \|\omega\| \neq 0 \\ \quad + \dfrac{2-\varphi S_\varphi - 2C_\varphi}{2\varphi^4}\boldsymbol{Z}^3 + \dfrac{2\varphi - 3S_\varphi - \varphi C_\varphi}{2\varphi^5}\boldsymbol{Z}^4 & \\ \boldsymbol{A}_{p_j} = \boldsymbol{I}_6 + \dfrac{1}{2}\boldsymbol{Z} & \|\omega\| = 0 \end{cases} \tag{4-12}$$

式中，$\boldsymbol{Z}$ 为旋量 $\hat{\boldsymbol{p}}$ 的伴随矩阵，可表示为

$$\boldsymbol{Z} = \begin{bmatrix} \hat{\boldsymbol{\omega}}_p & \boldsymbol{0}_{3\times3} \\ \hat{\boldsymbol{v}}_p & \hat{\boldsymbol{\omega}}_p \end{bmatrix} \tag{4-13}$$

式中，$\boldsymbol{0}_{3\times3}$ 为三阶零矩阵。

由式（4-11）可知，3PUU 并联机构支链末端的位置误差由两部分组成：

① 机构运动学参数误差，对末端位置造成影响，受两类误差影响：

a. 杆件、运动副关节制造及装配时的固有误差；

b. 机构装配完成后，由运动副传感器零位误差带来的影响。

② 机构运动副的运动误差对末端位置的影响。机构在运动过程中运动副径向间隙的误差会导致机构关节产生误差 $\delta \boldsymbol{q}_{j+1}$，从而影响机构末端位置精度。由于机构运动副径向间隙产生的误差要大于机构杆件变形及机构参数误差，因此在对机构进行运动学误差建模时，不考虑杆件变形产生误差，而只计算运动副关节误差。由于机构运动学参数存在误差，被动关节在运动过程中会受到机构运动学参数误差的影响而产生误差。因此，在对并联机构运动支链建立误差模型时，要把运动副运动误差的影响考虑进去。相反，在建立并联机构支链的运动学误差模型时，通常不考虑主动运动副运动产生的误差。

综上所述，在对并联机构支链进行误差建模时会包含两类误差：

① 机构关节运动误差。

② 机构中不可测量的被动关节运动误差。

对式（4-8）求微分，可得 3PUU 并联机构中支链 i 的关节误差传递函数模型

$$
\begin{aligned}
\delta T_e T_e^{-1} = & \delta T_{0,i}(0)T_{0,i}^{-1}(0) + T_{0,i}q_{1,i}\hat{\varsigma}_{1,i}T_{0,i}^{-1}q_{1,i}\delta q_{1,i} + \cdots + \\
& \prod_{j=1}^{n_i-1} T_{j-1,i}(0)e^{\hat{\varsigma}_{j,i}q_{j,i}}\delta T_{n_i-1,i}(0)T_{n_i-1,i}^{-1}(0)\left[T_{j-1,i}(0)e^{\hat{\varsigma}_{j,i}q_{j,i}}\right]^{-1} + \\
& \prod_{j=1}^{n_i-1} T_{j-1,i}(q_{j,i})\hat{\varsigma}_{n_i,i}\left[\prod_{j=1}^{n_i-1} T_{j-1,i}(q_{j,i})\right]^{\mathrm{T}}\delta q_{n_i,i} + \\
& \prod_{j=1}^{n_i-1} T_{j-1,i}(0)e^{\hat{\varsigma}_{j,i}q_{j,i}}\delta T_{n_i,i}(0)T_{n_i,i}^{-1}\left[\prod_{j=1}^{n_i-1} T_{j-1,i}(0)e^{\hat{\varsigma}_{j,i}q_{j,i}}\right]^{-1}
\end{aligned} \tag{4-14}
$$

由式（4-14）可知，在建立并联机构支链的运动学误差模型时，忽略驱动副运动产生的误差项。由此，将并联机构支链末端误差表达为旋量形式，式（4-14）可以进一步改写为

$$
\begin{aligned}
\delta e = & A_{p_{0,i}}\delta p_{0,i} + \varsigma_{1,i}\delta p_{1,i} + Ad[T_{0,i}(q_{1,i})](A_{p_{1,i}}\delta p_{1,i} + \varsigma_{2,i}\delta p_{2,i}) + \cdots + \\
& \left\{Ad[T_{0,i}(q_{1,i})T_{1,i}(q_{2,i})\cdots T_{n_i-2,i}(q_{n_i-1,i})]A_{p_{n_i-1,i}}\delta p_{n_i-1,i} + \varsigma_{n_i,i}\right\}\delta p_{n,i} \\
& + Ad\left[T_{0,i}(q_{1,i})T_{1,i}(q_{2,i})\cdots T_{n_i-2,i}(q_{n_i-1,i})\right]A_{p_{n_i,i}}\delta p_{n_i,i}
\end{aligned} \tag{4-15}
$$

由于并联机构动平台对各支链具有相同的运动形式，所以每条支链的运动误差积累到并联机构动平台的误差是相同的，最终支链误差模型为

$$
\delta e = J_{p,i}\delta p_i + \Psi_i \Theta_i \delta q_i \tag{4-16}
$$

式中，$J_{p,i}$=Blockdiag$(J_{1,i},\cdots,J_{6,i})$为雅可比矩阵；$\delta p_i = \left[\delta p_{1,i}^{\mathrm{T}}, \delta p_{2,i}^{\mathrm{T}}, \delta p_{3,i}^{\mathrm{T}}, \cdots, \delta p_{6,i}^{\mathrm{T}}\right]$为三支链同一位置万向节关节矩阵，$\Psi_i = \left[Ad(T_{0,i}(q_{1,i})), Ad(T_{0,i}(q_{1,i})T_{1,i}(q_{2,i})), \cdots, Ad(T_{0,i}(q_{1,i})\cdots T_{4,i}(q_{4,i}))\right]$为动副到连接动平台万向节的支链关节矩阵，$\Theta_i$=Blockdiag$(\varsigma_{2,i},\varsigma_{3,i},\varsigma_{4,i},\varsigma_{5,i})$为关节 j 在坐标系下速度和角速度旋量坐标；$\delta q_i = \left[\delta q_{2,i}, \delta q_{3,i}, \delta q_{4,i}, \delta q_{5,i}\right]^{\mathrm{T}}$为万向节关节 i 坐标矩阵元素。

4.2.2 并联机构耦合误差模型

由于并联机构中被动运动副在运动过程中是随机的，并且被动运动副上不易安装位置传感器，所以由被动运动副产生的运动误差无法直接测到。另外，机构被动运动副的运动误差是由运动副径向间隙造成的，在实际运动参数已知情况下，被动运动副的运动误差可以通过并联机构的支链运动形式得到。在考虑并联机构整体运动时，被动运动副的运动误差不独立影响机构的末端位置精度。因此，在对并联机构误差进行建模型时，需要去除机构运动过程中不可测运动副误差项。

一般情况下，并联机构中并不是所有被动运动副都会安装测量传感器，尤其对机构中万向节、虎克铰等具有多自由度的运动副而言，无法安装位置测量传感器。所以本章研究的 5 自由度串并联机构中并联机构万向节在运动过程中无法测量误差，采用不可测量运动副旋量对不可测运动副运动误差项进行消除，可得

$$\boldsymbol{\Theta}_{nm,i}^{\mathrm{T}}\boldsymbol{\Omega}\delta\boldsymbol{e}=\boldsymbol{\Theta}_{nm,i}^{\mathrm{T}}\boldsymbol{\Omega}\boldsymbol{J}_{p,i}\delta\boldsymbol{p}_i \tag{4-17}$$

式中，$\boldsymbol{\Theta}_{nm,i}^{\mathrm{T}}\boldsymbol{\Omega}\boldsymbol{J}_{p,i}\delta\boldsymbol{p}_i=0_{n_{nm,i}}$。

根据式（4-17）并联机构各支链运动误差模型，将其误差模型进行合并，得并联机构运动耦合误差模型

$$\boldsymbol{\Theta}_{nm,i}^{\mathrm{T}}\boldsymbol{\Omega}\delta\boldsymbol{e}=\boldsymbol{J}_r^{\mathrm{T}}\boldsymbol{\Theta}_{nm,i}^{\mathrm{T}}\boldsymbol{\Omega}\boldsymbol{J}_p\delta\boldsymbol{p} \tag{4-18}$$

对式（4-18）进一步变形，可得

$$\delta\boldsymbol{e}=(\boldsymbol{\Theta}_{nm,i}^{\mathrm{T}}\boldsymbol{\Omega})^{-1}\boldsymbol{J}_r^{\mathrm{T}}\boldsymbol{\Theta}_{nm,i}^{\mathrm{T}}\boldsymbol{\Omega}\boldsymbol{J}_p\delta\boldsymbol{p} \tag{4-19}$$

式中，$\boldsymbol{\Theta}_{nm}=(\boldsymbol{\Theta}_{nm,1},\cdots,\boldsymbol{\Theta}_{nm,m})$；$\boldsymbol{J}_r=\mathrm{Blockdiag}(\boldsymbol{\Theta}_{nm,1},\cdots,\boldsymbol{\Theta}_{nm,m})$；$\delta\boldsymbol{p}=[\delta\boldsymbol{p}_1^{\mathrm{T}},\cdots,\delta\boldsymbol{p}_m^{\mathrm{T}}]$；$\boldsymbol{J}_p=\mathrm{Blockdiag}(J_{p,1},\cdots,J_{p,m})$；$m$ 为并联机构的支链数；$n=\sum_{i=1}^{m}6(n_i+1)$ 为并联机构的运动学参数数目。

这里的并联机构是三支链对称的结构，所以每条支链的误差模型相同，故将支链对应的误差模型进行合并，就得到并联机构的耦合误差模型

$$\delta\boldsymbol{e}=(\boldsymbol{\Theta}_{nm}^{\mathrm{T}}\boldsymbol{\Omega})^{-1}\boldsymbol{J}_r^{\mathrm{T}}\boldsymbol{\Omega}\boldsymbol{J}_p\,\delta\boldsymbol{p} \tag{4-20}$$

4.3　串联机构误差模型

前面在研究 5 自由度串并联机构误差时，是基于 SOC 单元，把并联机构看成串联机构建立运动误差模型，所以针对串联机构同样适用。同理，串联机构的误差模型可得

$$\delta\boldsymbol{e}=\boldsymbol{J}_{p,i}\delta\boldsymbol{p}_i+\boldsymbol{\Psi}_i\boldsymbol{\Theta}_i\delta\boldsymbol{q}_i \tag{4-21}$$

式中，$\boldsymbol{J}_{p,i}=\mathrm{Blockdiag}(\boldsymbol{J}_{1,i},\boldsymbol{J}_{2,i})$；$\delta\boldsymbol{p}_i=\left[\delta\boldsymbol{p}_{1,i}^{\mathrm{T}},\delta\boldsymbol{p}_{2,i}^{\mathrm{T}}\right]$；$\delta\boldsymbol{q}_i=\left[\delta\boldsymbol{q}_{1,i},\ \delta\boldsymbol{q}_{2,i}\right]^{\mathrm{T}}$；$\boldsymbol{\Psi}_i=\left[Ad(T_{0,i}(q_{1,i})),Ad(T_{0,i}(q_{1,i})T_{1,i}(q_{2,i}))\right]$；$\boldsymbol{\Theta}_i=\mathrm{Blockdiag}(\varsigma_{1,i},\ \varsigma_{2,i})$。

4.4 串并联机构耦合误差模型

根据上文对机构误差的研究，5 自由度串并联机构误差是由并联机构误差和串联机构误差叠加而成的，即把并联机构和串联机构建立的误差模型也相加，式（4-20）和式（4-21）相加，就可得到整体机构误差模型：

$$\delta \boldsymbol{e}_{总} = (\boldsymbol{\Theta}_{nm}^{\mathrm{T}}\boldsymbol{\Omega})^{-1}\boldsymbol{J}_r^{\mathrm{T}}\boldsymbol{\Omega}\boldsymbol{J}_p\,\delta \boldsymbol{p} + (\boldsymbol{J}_{p,i}\,\delta \boldsymbol{p}_i + \boldsymbol{\Psi}_i\boldsymbol{\Theta}_i\delta \boldsymbol{q}_i) \tag{4-22}$$

由式（4-22）可知，并联机构的运动关节误差并不是单支链累加而成的，而是有各支链合并构成的耦合误差。对机构运动误差推导可知，当支链的运动误差模型合并成并联机构运动误差模型时，误差公式项数减少，表明支链误差并不是单纯累加。由此可知，在并联机构中各支链运动之间存在耦合误差。

对并联机构和串联机构进行运动副关节误差研究可知，串联机构和并联机构两部分误差累积到 5 自由度串并联机构的末端位置。

4.5 串并联机构耦合误差仿真分析

为了进一步探究 5 自由度串并联机构关节误差对机构精度的影响程度，设并联机构运动副径向误差值 e_1=0.05mm，e_2=0.10mm，e_3=0.15mm，e_4=0.20mm。由于在并联机构多关节存在耦合现象，针对并联机构关节依次递增设立多组误差值，探究末端执行器位置误差情况。

4.5.1 并联机构耦合误差仿真分析

由于建立混联机构耦合误差是以运动学为基础的，且并联机构在运动中具有重要作用，再加上并联机构的误差源较多，有必要对其驱动副运动做误差分析。根据第 3 章建立的并联机构位置逆解数学模型，再结合本章建立的并联机构运动关节误差模型，利用 Matlab 软件仿真，当并联机构运动副含有间隙误差时，对并联机构驱动副的行程做误差分析。这里选取并联机构 6 个运动副关节间隙误差值为 e_4=0.2mm，其机构驱动副行程误差如图 4-1 所示。

对第 3 章中图 3-6 所示并联机构运动副理想状态下驱动副轨迹与图 4-1 所示并联机构运动副存在径向间隙误差时驱动副轨迹进行对比可知，并联机构驱动副的起始点设置了相同起始位置，从仿真图可以看出驱动副行程轨迹和波峰波谷的时间点基本一致，即使行程有所偏差，但其都在机构所设计的合理范围之内。由图 3-6 可知，在理想运动副下，随着机构运动时间的增加，并联机构驱动副行程渐渐分离且没有出现交叉现象，运行平稳。当给定并联机构运动副关节误差值时，机构随着运动时间的增加（在仿真时间内），驱动副 2 和驱动副 3 分离值很小，在 3s 和 5s 内出现交叉现象；随着时间的增加，在 7s 时，驱动副 h_1 出现最大偏差值 93mm，随后偏差值减小。由此可以说明，机构驱动副行程存在误差，在机构末端转向时驱动副误差值变大，且误差不是呈比例增加。

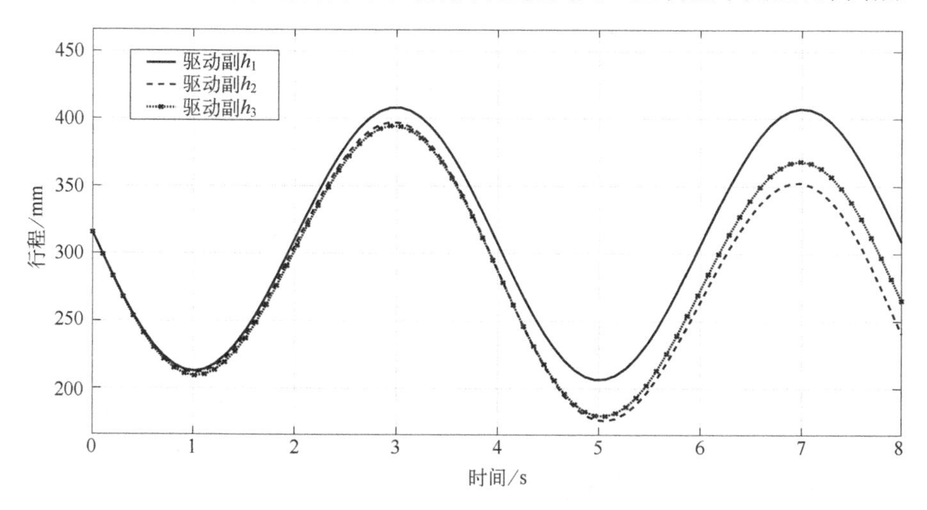

图 4-1　并联机构运动副存在径向间隙误差时驱动副轨迹

根据本章建立的并联机构耦合误差模型，设立不同的万向节磨损间隙误差数量值，并在每组误差数量值上依次增加并联机构万向节的数量，再利用 Matlab 仿真软件编写误差模型程序进行仿真，从机构三个方向上的移动来探究并联机构中耦合误差特性对机构位置精度的影响程度。

① 当并联机构 U_{12} 关节存在 0.05mm、0.10mm、0.15mm、0.20mm 四个间隙误差值时，其他关节处于理想状态时，探究并联机构动平台三维平动的影响。仿真结果如图 4-2 所示。

如图 4-2 所示为并联机构关节 U_{12} 不同径向间隙误差时末端位置及误差对比图。并联机构动平台输出三维位置及误差，随着运动副间隙误差值变大，沿 x、y、z 轴方向的位移误差变大。随着关节间隙误差值变大，并联机构动平台输出端沿 x 轴方向的误差值波动变小（本章的误差是指运动副理想状态与运动副存在径向间隙误差时的位置偏差）。当关节间隙误差值为 0.05mm 时，动平台末端输出的误差值小，从-0.1131mm 变化到 0.2069mm；随着关节误差值变大，其动平台输出误差变大，当关节间隙误差值为 0.2mm，机构运行至 3s 和 5s 时，机构运行出现折点，与驱动副折点时间相同，末端位置输出的误差值范围为0.2528～3.0582mm。由此可以看出，随着U_{12}关节变量误差值的增大，输出端沿x轴方向的位移误差值波动的趋势越来越明显。

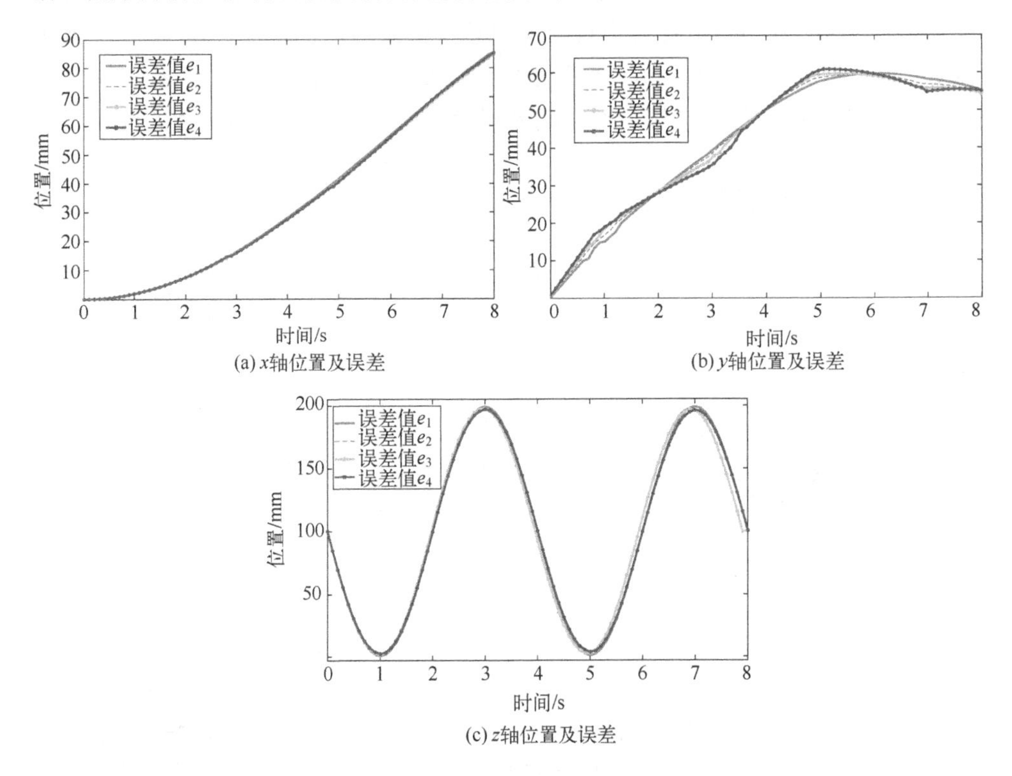

图 4-2　末端平动三维位置及误差对比图（1）

并联机构关节间隙误差值越大，输出端沿y轴方向的位置误差越大，并且随机构运动时间的增加，其误差波动越大。当关节间隙误差值在0.05mm时，运动平缓，输出端的误差在-0.3130mm到0.3211mm之间变化，运动起点与终点处误差值相差0.6341mm；当关节间隙误差值依次从0.15mm增加至0.2mm时，输出端曲线产生波动。尤其当关节径向间隙误差值为0.2mm时，末端位置误差波动范围在0.5009mm到5.0717mm之间，沿y轴的位置误差值急剧增加。由此可知，随着U_{12}关节间隙误差值的增大，输出端沿y轴方向的位置误差增加的趋势越来越明显。

在并联机构运动中，z轴的移动呈现正弦趋势，其位置误差值随机构运动时间变化明显。关节间隙误差值越大，输出端的误差也越大。当关节间隙误差值为0.05mm时，机构动平台输出端误差值在-0.2201mm到0.3655mm之间变化；当关节间隙误差值为 0.2mm 时，动平台输出端沿 z 轴的误差在 0.6071mm 到 3.2525mm 之间波动。随着 U_{12} 关节间隙误差值增大，动平台输出端沿 z 轴移动的误差值变化的趋势越来越明显，且整体依旧呈现正弦运动方式。

② 当并联机构关节 U_{12}、U_{13} 存在 0.05mm、0.10mm、0.15mm、0.20mm 四个间隙误差值时，对并联机构动平台三维平动的影响，如图 4-3 所示。

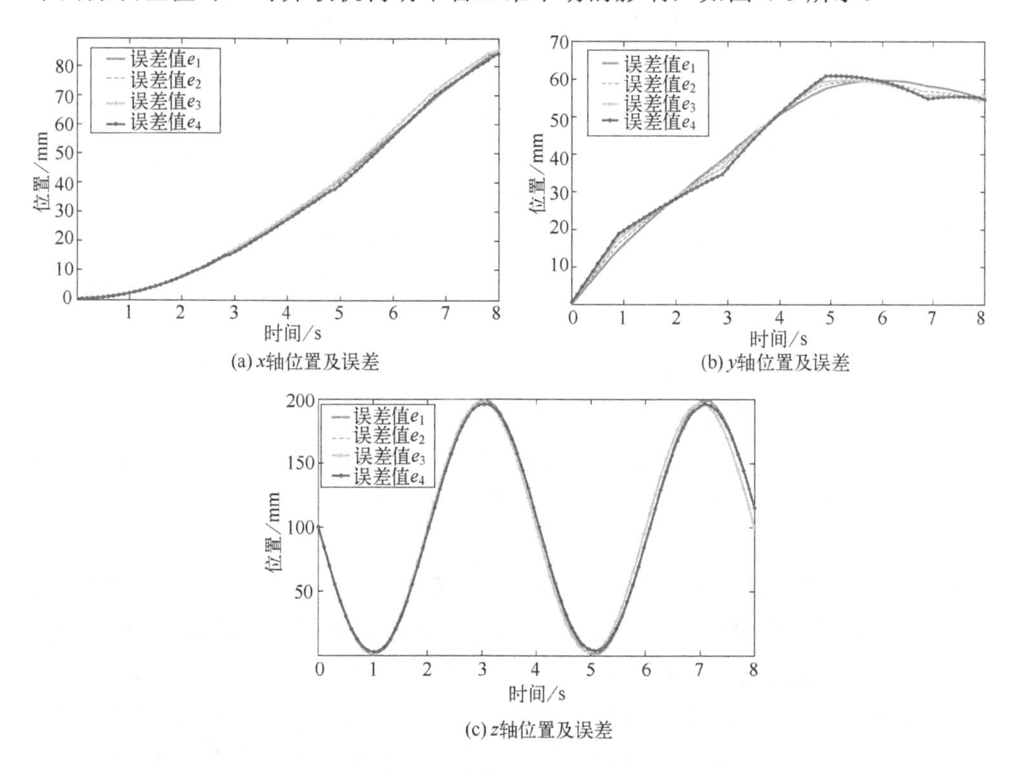

图 4-3　末端平动三维位置及误差对比图（2）

如图 4-3 所示，当并联机构一条支链上的万向节（U_{12}、U_{13}）存在间隙误差时，在并联机构动平台位置输出三维移动误差，随着万向节间隙误差值变大，沿 x、y、z 轴方向的位置误差变大。关节间隙误差值越大，动平台输出端沿 x 轴方向的误差值波动越大。当关节间隙误差值为 0.05mm，末端输出的误差值比较平缓，从-0.2847mm 变化到 0.2819mm；随着关节间隙误差值变大，机构末端动平台输出误差变大，当间隙误差在 0.2mm 时，末端位置输出的误差值在 1.0087mm 到 6.2661mm 之间波动。由此可以看出，随着关节间隙误差的增大，输出端沿 x 轴方向的位置误差值增大的趋势越来越明显，当关节间隙误差值在 0.05mm 时，在 x 轴方向位置误差值小，但随着关节误差值增大，其末端输出误差明显增加。

当增加并联机构运动副数目时，其间隙误差值越大，输出端沿 y 轴方向的位置偏差越大，比仅有一个关节间隙误差时波动明显增大，由于两关节在同一支链上，两关节间隙误差值叠加。当关节间隙误差在 0.05mm 时，输出端沿 y 轴的误差值在-2.7612mm 到 2.2955mm 之间变化；当关节间隙误差值为 0.2mm 时，输出端的误差值在 0.9921mm 到 9.2468mm 之间波动，此时末端偏差量变化明显。由此可知，随着关节间隙误差值的增大，输出端沿 y 轴方向的误差增加的趋势越来越显著。

在并联机构运动中，沿 z 轴的移动偏差随机构运动时间变化明显。关节间隙误差值变化量越大，输出端的误差也越大。当关节间隙误差为 0.05mm 时，机构动平台沿 z 轴的误差范围在-1.6998mm 到 1.6058mm；当关节间隙误差为 0.2mm 时，动平台输出端沿 z 轴的运动误差值在 0.1087mm 到 6.2661mm 之间变化。随着关节间隙误差值增大，动平台输出端沿 z 轴移动的误差值变化的趋势越来越明显。

综上所述，当并联机构在同一支链上两个关节存在径向间隙误差时，误差值呈现叠加趋势。当关节间隙误差在 0.05mm 时，机构三维运动波动小。当关节间隙误差为 0.2mm 时，三维运动曲线位置误差拐点与驱动副交叉点出现在同一时刻，说明误差之间相互联系。并联机构动平台 y 轴位置偏差值波动偏大，但是总体走势较缓。

③ 在并联机构一支链上加入另一支链关节间隙误差来探究对末端精度的影响情况。当并联机构 U_{12}、U_{13}、U_{22} 关节上存在间隙误差 0.05mm、0.10mm、0.15mm、0.20mm 时，对并联机构动平台三维平动做仿真分析，如图 4-4 所示。

如图 4-4 所示，并联机构 3 个万向节（U_{12}、U_{13}、U_{22}）存在径向间隙误差，在并联机构动平台输出三维移动误差，随着关节间隙误差值变大，沿 x、y、z 轴方向的位置误差具有增加的趋势。当关节间隙误差为 0.05mm 时，动平台输出端沿 x 轴方向的误差值较平缓，在-0.0333mm 到 0.3711mm 之间变化，比图 4-2 和图 4-3 的误差值波动都小。这表明随着误差关节数目的增加，之间存在相互约束运动，体现了并联机构误差耦合特性的存在，导致末端波动值在某时刻变小；当关节误差值为 0.1mm 时，末端曲线出现拐点，整体波动小。当关节间隙误差增加到 0.2mm 时，轨迹拐点坡度变陡，误差值在 0.4044mm 到 1.4792mm 之间变化。

并联机构关节数目增加到 3 个时，输出端沿 y 轴方向的轨迹运动趋势较缓。当关节间隙误差值为 0.05mm 时，输出端的误差在-0.0912mm 到 0.6273mm 之间变化；当关节间隙误差值为 0.2mm，机构运动 3s 和 5s 时，运动轨迹出现拐点，偏移量增加，输出端的误差在 0.3647mm 到 2.4992mm 之间变化。

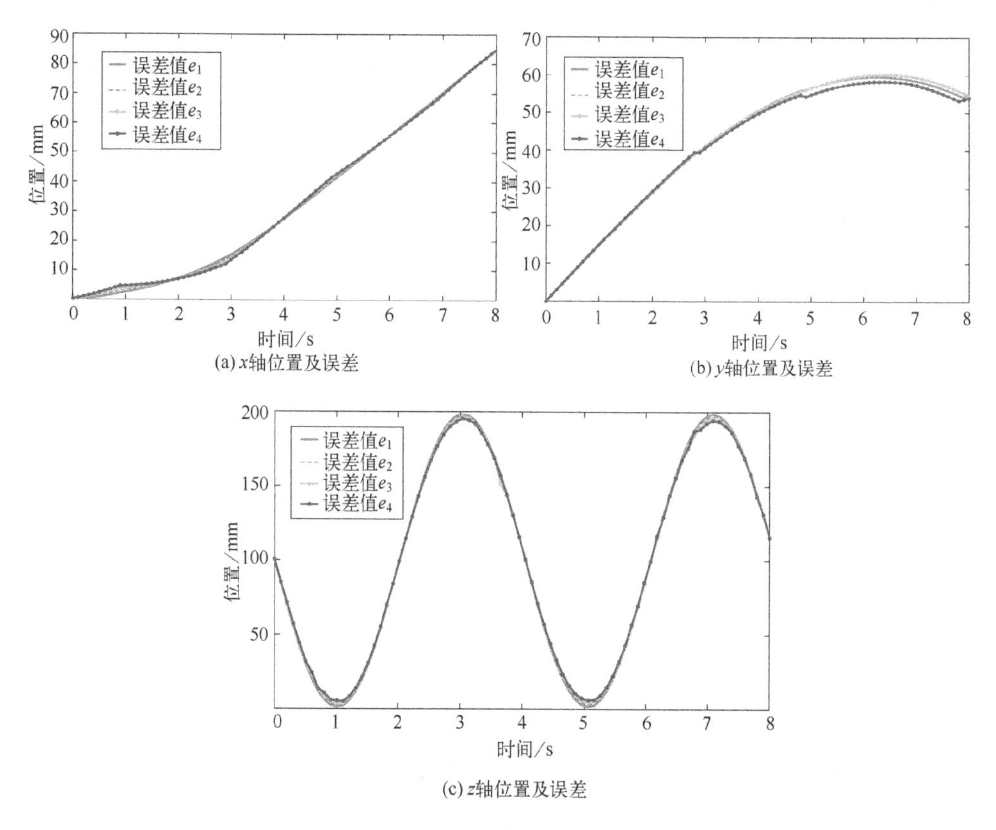

(a) x轴位置及误差

(b) y轴位置及误差

(c) z轴位置及误差

图 4-4　末端平动三维位置及误差对比图（3）

在并联机构运动中，沿 z 轴的移动方式不变，其误差值随机构运动时间变化较明显。关节间隙误差越大，机构末端位置误差越大。当关节间隙误差为 0.05mm 时，动平台输出误差在-0.5329mm 到 0.7757mm 之间变化；当关节间隙误差处于 0.2mm 时，动平台输出误差值在 0.1328mm 和 3.0979mm 之间波动。随着关节间隙误差值增大，动平台输出端沿 z 轴移动的误差变化越来越明显。

④ 当并联机构关节 U_{12}、U_{13}、U_{22}、U_{23} 存在 0.05mm、0.10mm、0.15mm、0.20mm 四个间隙误差值时，对并联机构动平台三维平动的影响，如图 4-5 所示。

如图 4-5 所示，当并联机构在两条支链上的关节都存在间隙误差时，并联机构动平台位置输出三维移动，随着关节径向间隙误差值从 0.05mm 变化到 0.2mm，沿 x、y、z 轴方向的位置误差变大，且末端误差量趋势与并联机构第一条支链相同。沿 x 轴运动时，整体轨迹波动明显增加，当关节间隙误差值为 0.05mm 时，末端输出的误差值比较平缓，在-0.8104mm 到 0.7237mm 之间波动；

当关节间隙误差在 0.1mm、0.15mm、0.2mm 时，并联机构动平台的轨迹分离并出现拐点。当在 0.2mm 时，动平台偏移量增大，误差值在 0.2091mm 到 5.1315mm 之间变化。

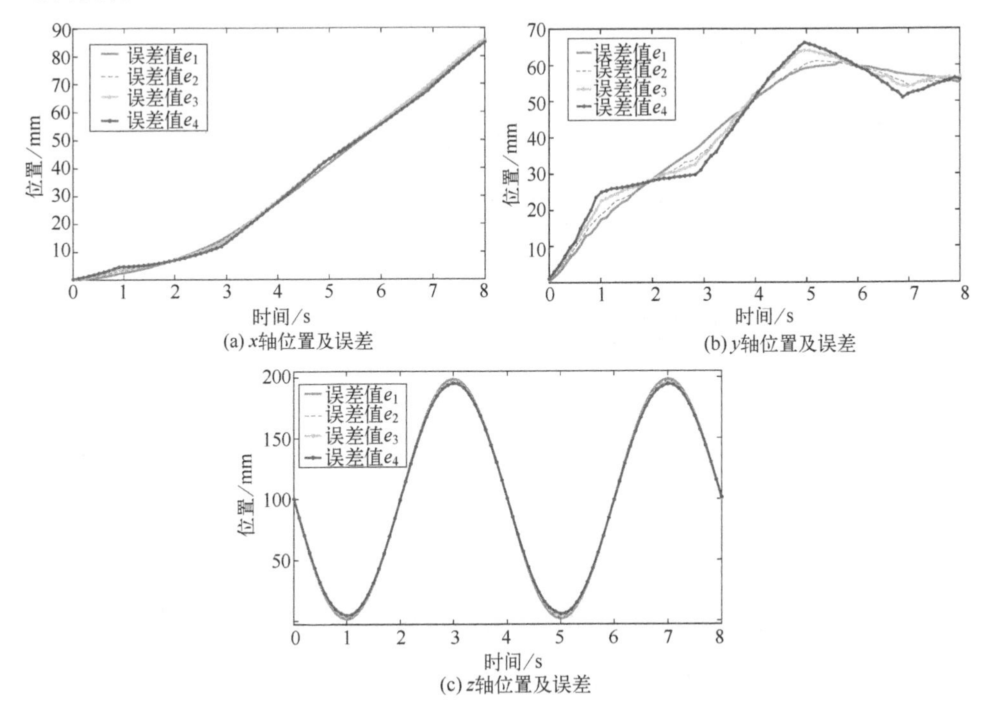

图 4-5 末端平动三维位置及误差对比图（4）

随着并联机构运动副数目增加，运动副径向误差值增加，输出端沿 y 轴方向的位置误差值变大，机构的运动轨迹在相同时刻都有拐点出现。当关节间隙误差值在 0.05mm 时，输出端沿 y 轴运动的位置误差在-1.3441mm 到 1.1596mm 之间变化。当关节间隙误差增加到 0.2mm 时，并联机构动平台输出端的误差值波动范围为-5.3163mm 到 4.7062mm。

在并联机构运动中，动平台沿 z 轴的运动方式不变，随着运动副数目增加和关节间隙误差值的变大，输出端的误差也随着增大，但对比第一条支链上的两个关节间隙误差，两条支链上的关节存在间隙误差，其动平台沿 z 轴运动的波动小。当关节间隙误差值为 0.05mm 时，输出端的误差量在-1.5007mm 和 1.5714mm 之间波动；当关节间隙误差值达到 0.2mm 时，动平台输出端的误差在 1.0727mm 到 6.2462mm 之间变化。随着关节间隙误差值增大，动平台输出端沿 z 轴移动的误差值变化的趋势越来越显著，整体运动方式不变。

综上所述，当并联机构两条支链上的关节存在间隙误差，对于同一关节间隙误差值，增加支链关节数时，运动轨迹不同，末端误差值也不是以叠加值的方式呈现。增加关节间隙值，末端轨迹误差值变大，且沿 x、y 轴运动的拐点数增多。

⑤ 增加并联机构第三条支链关节径向间隙误差，研究并联机构关节 U_{12}、U_{13}、U_{22}、U_{23}、U_{32} 在 0.05mm、0.10mm、0.15mm、0.20mm 四个误差值时对并联机构动平台三维平动的影响，仿真结果如图 4-6 所示。

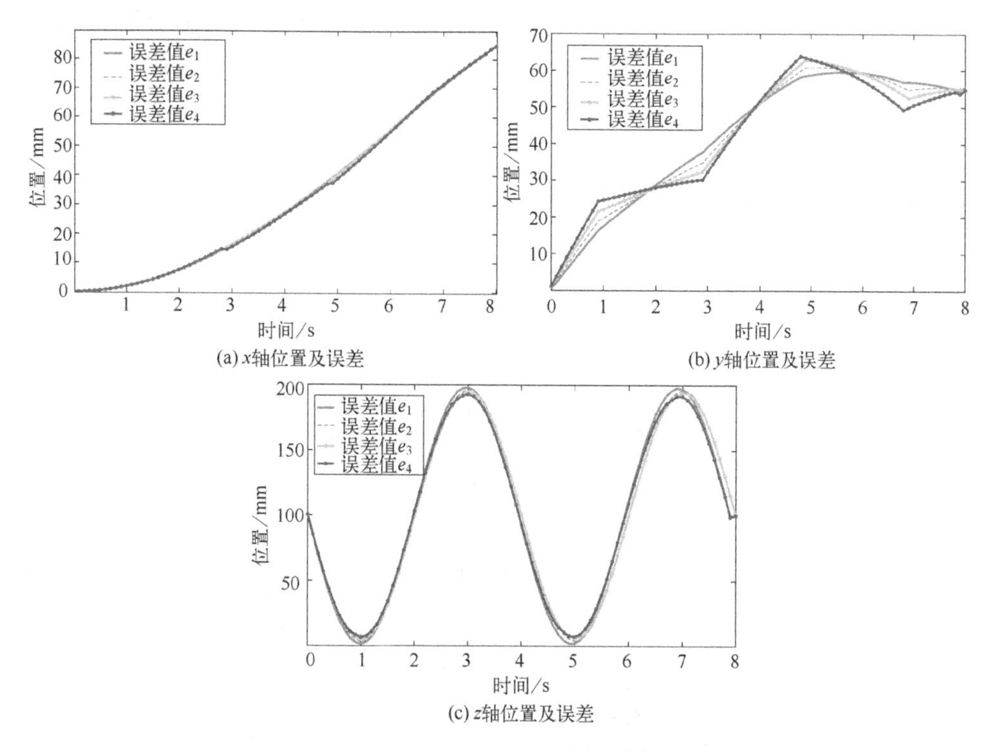

图 4-6　末端平动三维位置及误差对比图（5）

如图 4-6 所示，当并联机构有 5 个关节存在径向间隙误差时，沿 x、y、z 轴方向的位置误差趋势发生变化。对于动平台输出端沿 x 轴方向运动，不同误差数量级误差波动平缓，当运动副径向间隙误差值为 0.05mm 时，末端输出的误差值比较平缓，波动范围为-0.2490mm 到 1.0500mm。当关节间隙误差值从 0.15mm 增加到 0.2mm，其动平台输出的偏差呈现偏大的趋势。当关节间隙误差值为 0.2mm 时，末端输出轨迹在 3s 和 5s 时出现两次折点，使得轨迹波动增加，误差值在 0.8811mm 与 4.1843mm 之间变化。

对于动平台输出端沿 y 轴方向运动，并联机构关节间隙误差值越大，输出端沿 y 轴方向的误差越大，并且随着机构的运动波动越明显。当关节径向间隙误差值为 0.05mm 时，输出端的误差值波动在-2.7208mm 到 2.4561mm；随着关节径向间隙误差增大，当关节的误差值为 0.2mm 时，输出端的误差值在-0.7564mm 到 9.2868mm 之间变化。

在并联机构运动中，动平台沿 z 轴的移动依旧呈现正弦趋势，其误差值随机构运动时间变化明显。随着关节径向间隙误差值的增大，输出端的误差也相应变大。当关节间隙误差为 0.05mm 时，输出端的误差的波动范围从-2.0513mm 到 2.3767mm；当关节径向误差处于 0.2mm 时，动平台输出端的误差值在 0.3647mm 到 9.2868mm 之间变化。随着关节间隙误差值增大，动平台输出端沿 z 轴移动的误差值变化越来越明显，且运动方式不变。

⑥ 当并联机构关节 U_{12}、U_{13}、U_{22}、U_{23}、U_{32}、U_{33} 存在 0.05mm、0.10mm、0.15mm、0.20mm 四个间隙误差值时，对并联机构动平台三维平动的影响，如图 4-7 所示。

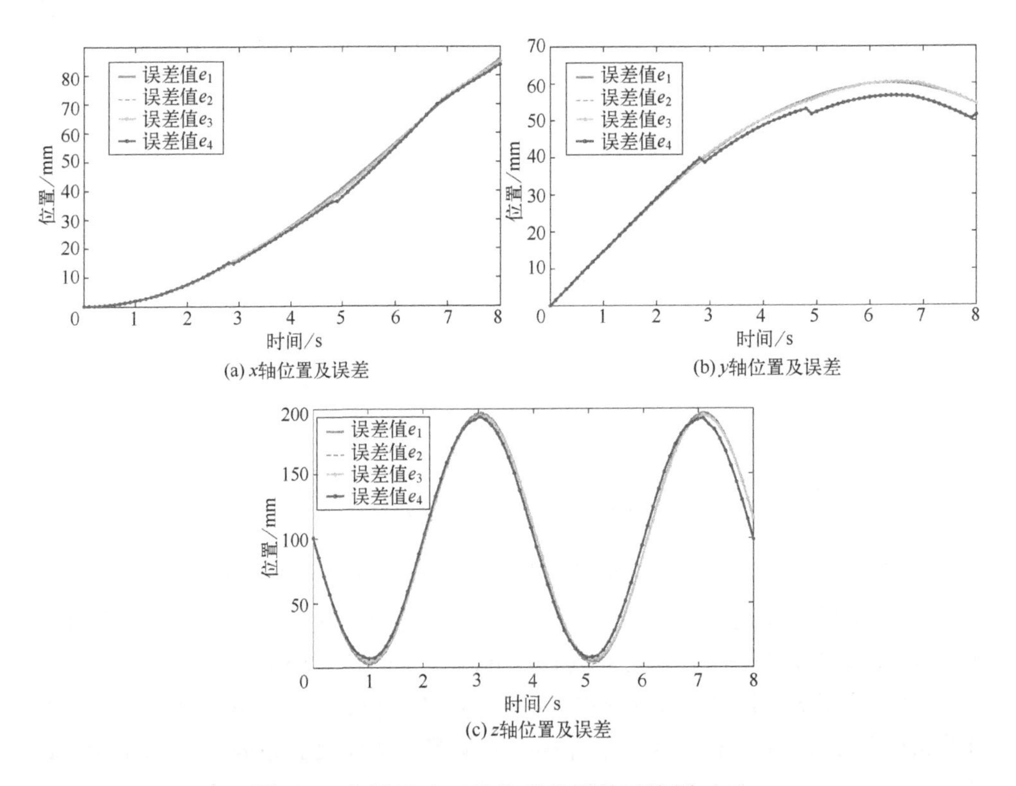

图 4-7 末端平动三维位置及误差对比图（6）

如图 4-7 所示，当并联机构 6 个万向节都存在径向间隙误差时，从仿真图上可以看出，并联机构动平台输出三维移动，沿 x、y、z 轴方向位置误差增加。对于动平台输出端沿 x 轴方向运动的位置误差，当关节间隙误差值为 0.05mm 时，末端输出的误差值比较平缓，在-0.3741mm 到 2.0839mm 之间波动，当机构运动到 7s 时，轨迹出现拐点，之后回落并有上升趋势，且与其他误差曲线分离。但随着关节误差值增加到 0.2mm 时，轨迹在 3s 和 5s 时间点发生折点，在 7s 处出现拐点，随后轨迹与其他误差轨迹分离，末端输出的误差在 0.5668mm 到 2.9445mm 之间变化。

并联机构关节间隙误差值越大，输出端沿 y 轴方向的误差越大，并且随着机构的运动波动越明显。当关节误差值在 0.05mm、0.1mm、0.15mm 时，输出端轨迹平滑，机构在 5s 和 7s 时出现波动分离，轨迹误差从-0.2813mm 变化到 0.2918mm。当关节径向间隙误差值达到 0.2mm 时，机构轨迹在 2s 时就与其他差轨迹分离，具有上升趋势，当机构运动至 3s 处，轨迹出现折点并出现回落趋势，到 5s 时轨迹再次出现折点，机构输出端的误差在-0.7295mm 到 4.9171mm 之间变化。

在并联机构运动中，动平台沿 z 轴的移动随机构运动时间而变化，误差明显。关节间隙误差值变化量越大，输出端的偏差值也越大。当关节间隙误差值为 0.05mm 时，机构输出端的误差在-1.0661mm 到 1.0439mm 之间波动；当关节间隙误差处于 0.2mm 时，动平台输出端的误差在 0.2683mm 到 6.1821mm 之间。

综上所述，通过对并联机构 6 个万向节运动副间隙做误差分析可知，当并联机构一条支链上关节存在径向间隙误差时，沿 x、y、z 轴方向的位置误差呈叠加的趋势，且出现拐点的时刻与驱动副轨迹误差出现交叉的时刻相同，与串联机构误差理论一致，表明采用单开链单元进行构型综合、运动学分析、误差建模对并联机构适用。

当增加并联机构第二条支链上关节间隙误差时，机构末端输出位置误差并不是呈正比例增加，轨迹出现折点且呈现分离趋势。表明并联机构在运动时，关节不仅约束其运动自由度，而且约束关节之间的误差值叠加。

同理，当并联机构依次增加关节径向间隙误差时，沿 x、y、z 轴方向的位置偏差增加较缓慢，其末端输出误差不呈正比例增加。从整体仿真图分析，沿 x 轴，随着机构运动时间增加和关节径向间隙误差增大，位置误差值呈现波动且伴随着拐点出现和曲线分离。明显不同是随着关节间隙误差的增加，机构动平台沿 y 轴的位置误差波动加大，机构运动过程中轨迹的拐点、折点和分离相继出现，运行不平稳。沿 z 轴，都是随着机构运动时间增加和关节径向间隙增大，位置误差增大，且机构末端轨迹相互交错。

4.5.2 串并联机构轨迹耦合误差分析

为了进一步探究串并机构关节径向误差对 5 自由度串并联机构末端轨迹的影响程度，在前述基础上，增加串联机构的关节数，对 5 自由度串并联机构做末端轨迹误差仿真对比。还是以 0.05mm、0.1mm、0.15mm、0.2mm 四个数值为关节径向间隙误差，依次增加关节数，探究 5 自由度串并联机构的末端位置误差。

① 当设置并联机构从第一个运动副到第六个运动副的径向间隙误差值为 0.05mm 时，得到 5 自由度串并联机构末端正常轨迹与误差轨迹仿真对比图，仿真结果如图 4-8（a）～（f）所示。

从图 4-8 中可以看出：当关节径向间隙值为 0.05mm 时，随着误差运动副依次增加，图 4-8（a)、(b）中末端正常轨迹处于重合状态，在机构运动转向时出现分离；图 4-8（c)、(d）在波峰和波谷（机构转向时）出现明显的分离点；图 4-8（e)、(f）在波峰出现拐点，但在图 4-8（f）中可以看出波峰拐点虽然增大，但轨迹波谷在其他时刻重合。通过仿真结果提取关节间隙误差和末端轨迹最大/最小偏差数据，如表 4-1 所示。

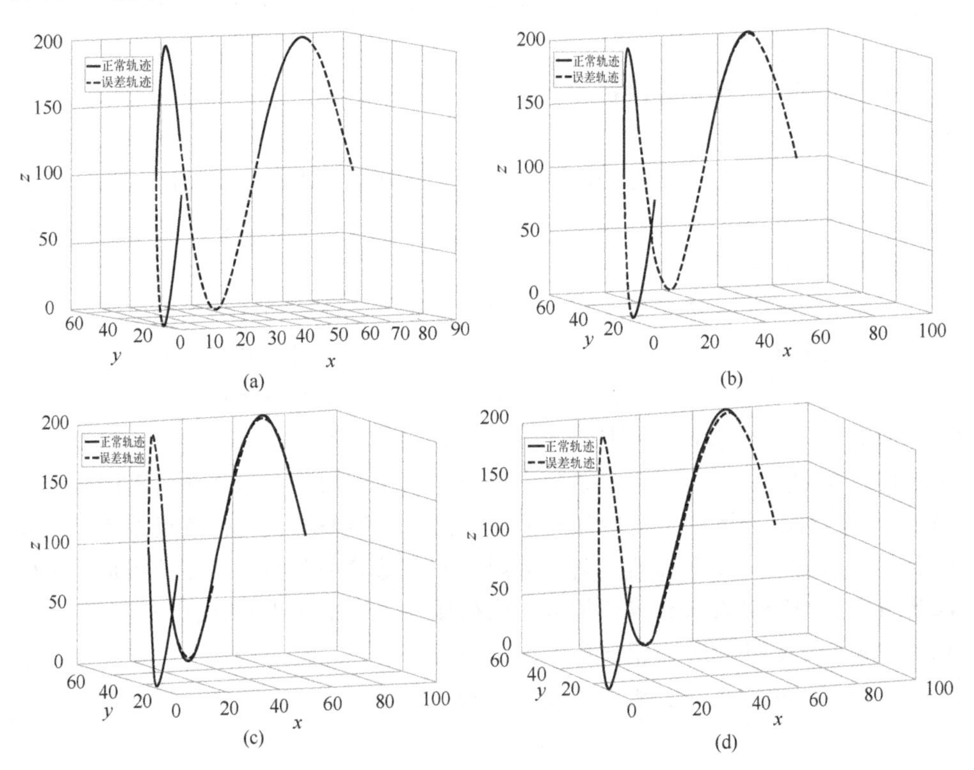

(a) (b) (c) (d)

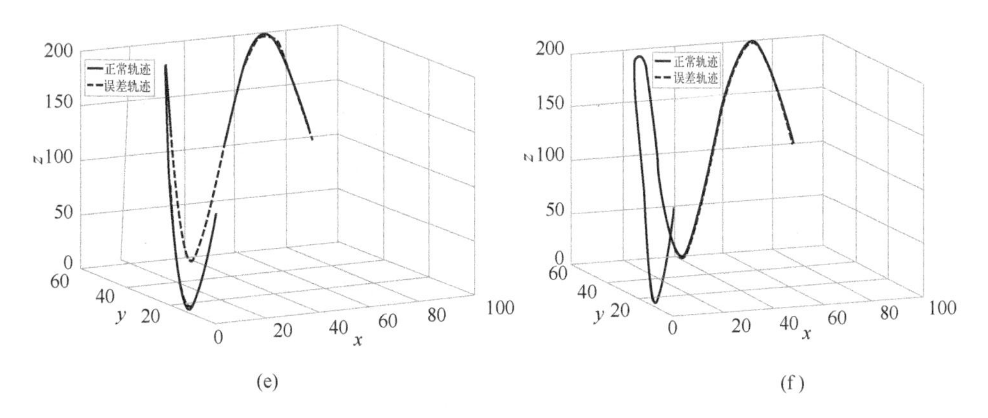

(e)　　　　(f)

图 4-8　5 自由度串并联机构末端正常轨迹与误差轨迹仿真对比（1）

表 4-1　末端轨迹偏差（1）

组数	关节径向间隙误差/mm						轨迹最小偏差/mm	轨迹最大偏差/mm
	U_{12}	U_{13}	U_{22}	U_{23}	U_{32}	U_{33}		
1	0.05						-0.8367	1.9278
	0.05	0.05					0.5466	2.2234
	0.05	0.05	0.05				1.2678	2.9223
	0.05	0.05	0.05	0.05			-0.9781	2.0458
	0.05	0.05	0.05	0.05	0.05		-1.7324	3.4743
	0.05	0.05	0.05	0.05	0.05	0.05	1.5234	3.0466

② 设并联机构从第一个运动副到第六个运动副的径向间隙误差值在 0.1mm 时，可得 5 自由度串并联机构末端正常轨迹与误差轨迹仿真对比图，如图 4-9（a）～（f）所示。

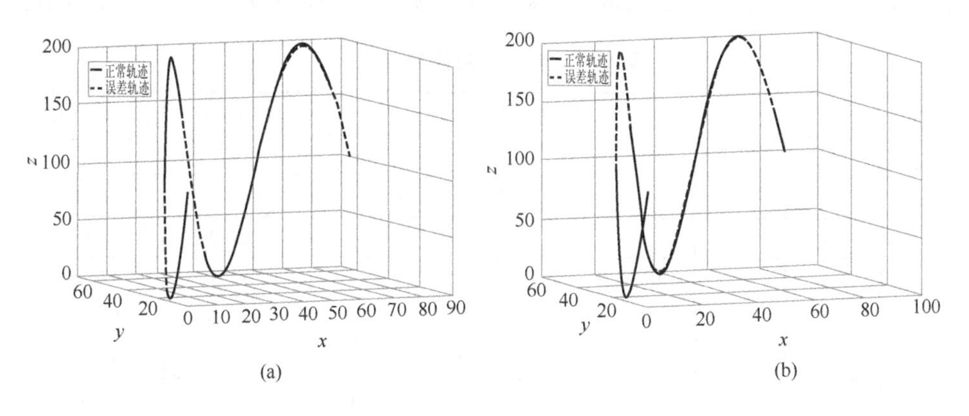

(a)　　　　(b)

图 4-9

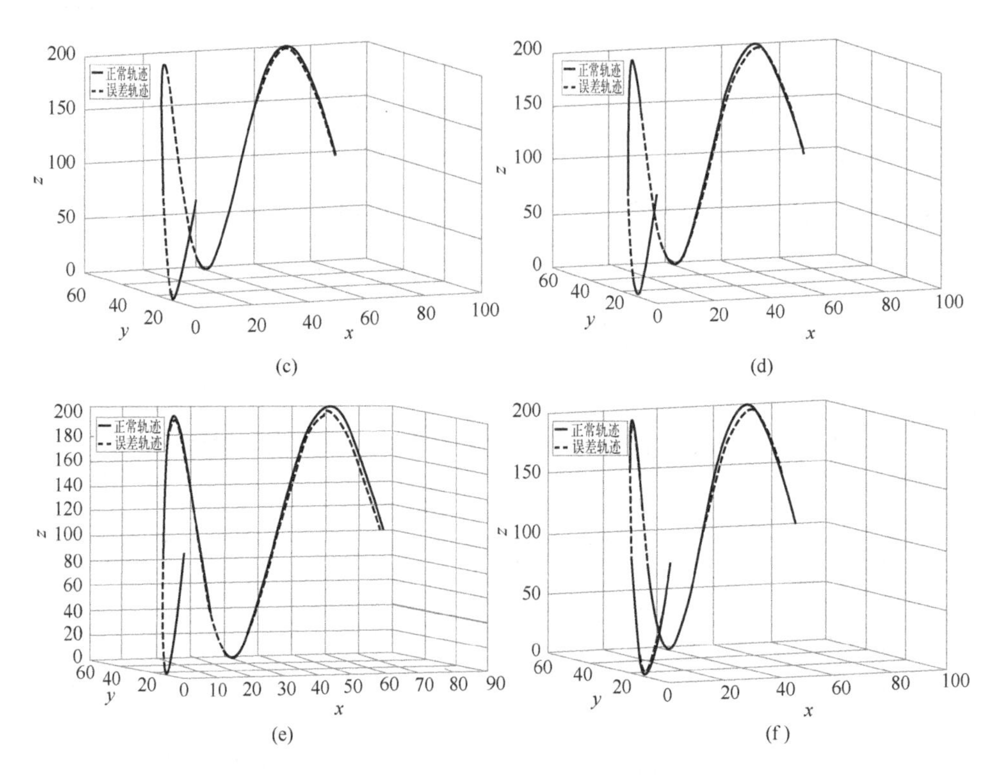

图 4-9　5 自由度串并联机构末端正常轨迹与误差轨迹仿真对比（2）

从图 4-9 可以看出：随着运动副径向间隙误差增加，末端轨迹出现明显偏差；从图 4-9（a）可以明显看出，机构波峰和波谷出现分离且渐渐变大；随着运动副误差的增大，运动的轨迹出现偏离，末端轨迹在波峰和波谷出现明显的拐点；从图 4-9（d）、（f）可以明显看出偏离轨迹，波峰拐点增大。通过仿真结果提取关节间隙误差值在 0.1mm 时末端轨迹最大/最小偏差数据，如表 4-2 所示。

表 4-2　末端轨迹偏差（2）

组数	关节径向间隙误差/mm						轨迹最小偏差/mm	轨迹最大偏差/mm
	U_{12}	U_{13}	U_{22}	U_{23}	U_{32}	U_{33}		
2	0.1						−0.7235	2.5347
	0.1	0.1					1.2342	4.1561
	0.1	0.1	0.1				2.1352	4.0735
	0.1	0.1	0.1	0.1			−1.9334	5.9212
	0.1	0.1	0.1	0.1	0.1		1.2567	6.5456
	0.1	0.1	0.1	0.1	0.1	0.1	−1.1245	5.2245

③ 设并联机构从第一个运动副到第六个运动副的径向间隙误差值在 0.15mm 时，可得 5 自由度串并联机构末端正常轨迹与误差轨迹仿真对比图，如图 4-10（a）～（f）所示。

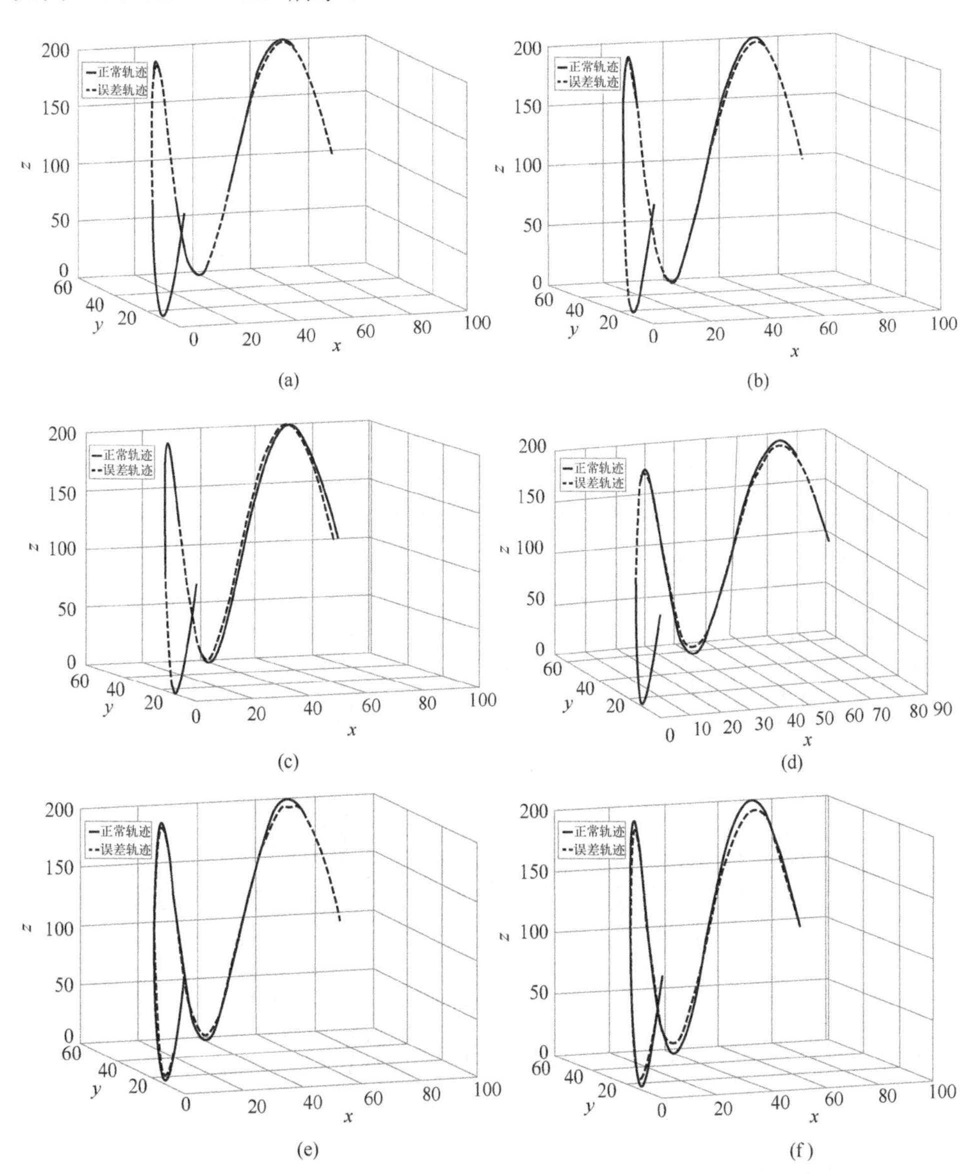

图 4-10　5 自由度串并联机构末端正常轨迹与误差轨迹仿真对比（3）

从图 4-10 中可以看出：当运动副径向间隙误差值增加到 0.15mm 时，图 4-10（a）、（b）机构末端轨迹偏差增加；图 4-10（c）中机构轨迹偏差在其他运动时刻，在机构转向时轨迹重合；图 4-10（d）中在机构转向时呈现轨迹分离且误差值变大；随着运动副间隙误差的增加，末端轨迹分离明显且有拐点伴随，如图 4-10（e）、（f）所示。通过仿真结果提取误差关节对末端轨迹最大/最小偏差数据，如表 4-3 所示。

表 4-3 末端轨迹偏差（3）

组数	关节径向间隙误差/mm						轨迹最小偏差/mm	轨迹最大偏差/mm
	U_{12}	U_{13}	U_{22}	U_{23}	U_{32}	U_{33}		
3	0.15						2.5245	5.3243
	0.15	0.15					4.2432	9.7424
	0.15	0.15	0.15				0.8244	4.6324
	0.15	0.15	0.15	0.15			2.8124	5.9213
	0.15	0.15	0.15	0.15	0.15		1.8413	6.8566
	0.15	0.15	0.15	0.15	0.15	0.15	-1.6314	14.2134

④ 设并联机构从第一个运动副到第六个运动副的径向间隙误差值为 0.2mm 时，可得 5 自由度串并联机构末端正常轨迹与误差轨迹仿真对比图，如图 4-11（a）～（f）所示。

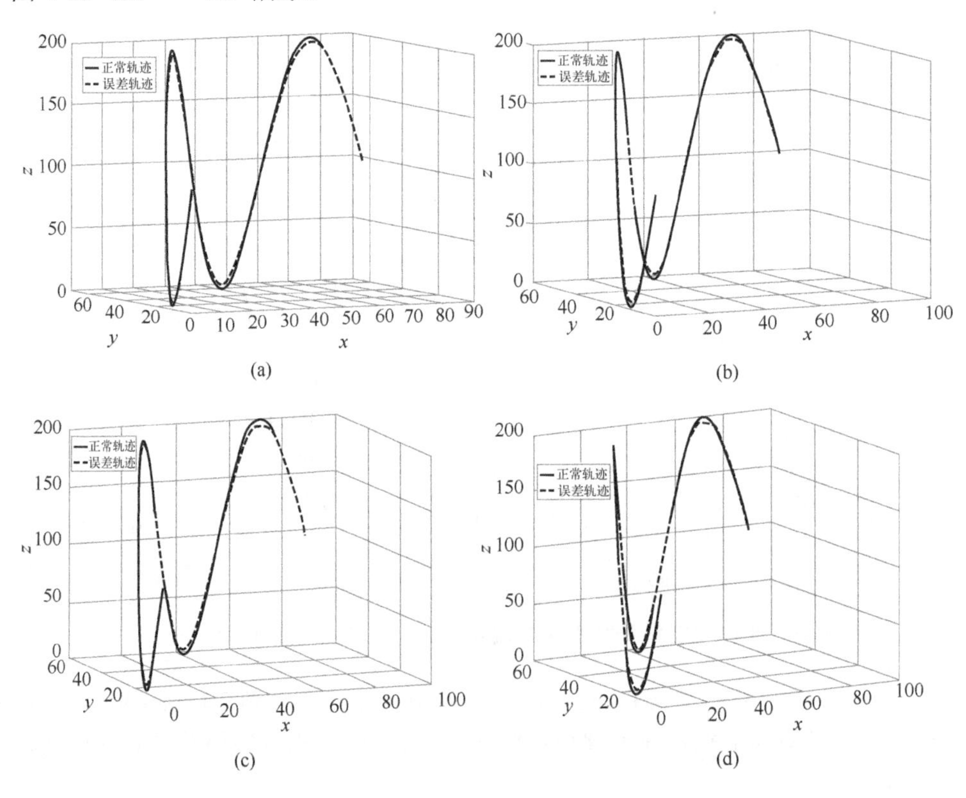

(a) (b)

(c) (d)

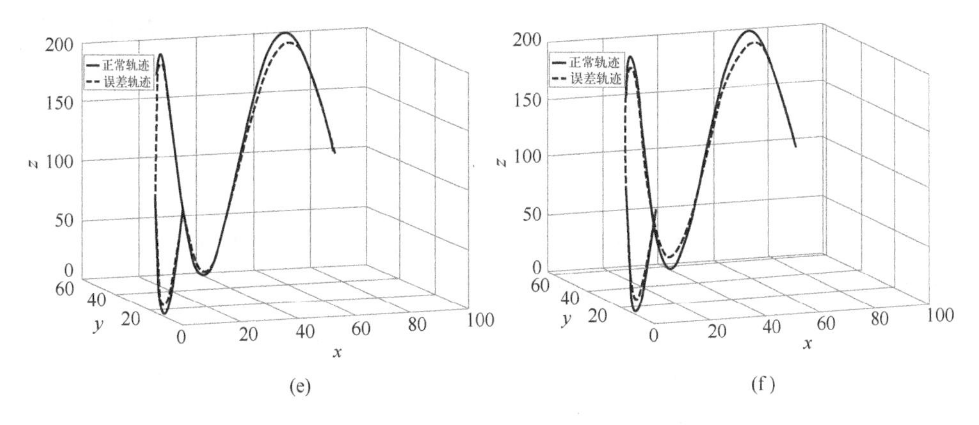

图 4-11 5 自由度串并联机构末端正常轨迹与误差轨迹仿真对比（4）

从图 4-11 中可以看出，当机构关节径向间隙值为 0.2mm 时，末端轨迹的偏差越来越大且伴随拐点，误差运动轨迹空间变大，导致机构出现干涉。图 4-11（a）、（c）、（f）轨迹末端点延长，使得末端机构运动超出工作空间。通过仿真结果提取关节间隙误差对末端轨迹最大/最小偏差数据，如表 4-4 所示。

表 4-4 末端轨迹偏差（4）

组数	关节间隙误差/mm						轨迹最小偏差/mm	轨迹最大偏差/mm
	U_{12}	U_{13}	U_{22}	U_{23}	U_{32}	U_{33}		
4	0.2						3.3424	6.9324
	0.2	0.2					5.8324	12.2234
	0.2	0.2	0.2				1.9245	5.4245
	0.2	0.2	0.2	0.2			3.8712	7.8656
	0.2	0.2	0.2	0.2	0.2		−1.7313	13.7131
	0.2	0.2	0.2	0.2	0.2	0.2	3.8313	16.8134

综上所述，当 5 自由度串并联机构中并联部分的运动副径向间隙误差值依次为 0.05mm、0.1mm、0.15mm、0.2mm 时，对比并联机构相同运动关节径向间隙误差，其末端轨迹偏差变大。在同一误差值时，随着并联机构的关节间隙误差依次增加，仅是在前两个关节时机构末端轨迹的偏差叠加，使得轨迹误差变大。随着关节数增加，轨迹误差并不是叠加的，而是在轨迹转向时伴随拐点出现。随着间隙误差值增加，机构轨迹的偏差量有明显增加，轨迹误差在某时刻超出运动空间或者无法达到某空间点。由此可知，对于 5 自由度串并联机构中并联部分进行误差仿真结果和本节仿真结果一致，验证并联机构误差不是呈现正比例叠加，表明机构之间存在耦合。

通过表 4-1～表 4-4 得到的数据可以看出，随着并联机构关节径向间隙值依次增加，机构轨迹偏差值增加，偏差范围变大；并联机构第一条支链上两关节间隙误差使得机构轨迹偏差值叠加，偏差变大；当再增加并联机构关节间隙误差时，轨迹偏差值不叠加；当并联机构关节间隙误差变大时，机构轨迹终点达不到理论值。

为了探究 5 自由度串并联机构在串联机构中运动副关节存在间隙误差时对末端轨迹的影响程度，设误差数值与并联机构关节间隙误差值一样。

① 设串联机构从第一个运动副到第二个运动副的径向误差值为 0.05mm 时，5 自由度串并联机构末端正常轨迹与误差轨迹仿真对比如图 4-12 所示。

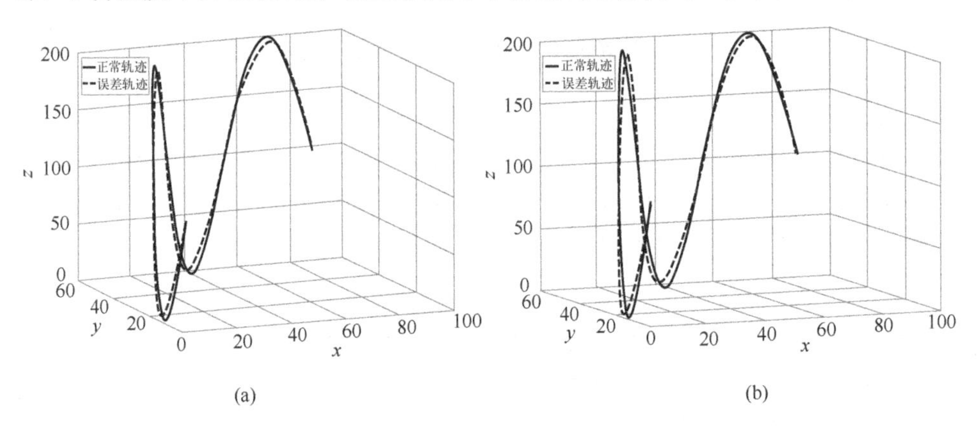

图 4-12　5 自由度串并联机构末端正常轨迹与误差轨迹仿真对比（5）

增加串联机构运动副径向误差为 0.05mm，从图 4-12（a）、（b）中可以看出，当增加串联机构间隙关节误差数，末端轨迹的偏离增大，但在合理范围内且运行平稳，表明并联机构和串联机构叠加符合串联误差原理。通过仿真结果提取关节间隙误差对末端轨迹最大/最小偏差数据，如表 4-5 所示。

表 4-5　末端轨迹偏差（5）

组数	关节间隙误差/mm		轨迹最小偏差/mm	轨迹最大偏差/mm
	R_1	R_2		
1	0.05		6.3424	14.3234
	0.05	0.05	4.1314	16.6730

② 设串联机构从第一个运动副到第二个运动副的径向误差值为 0.1mm 时，5 自由度串并联机构末端正常轨迹与误差轨迹仿真对比如图 4-13 所示。

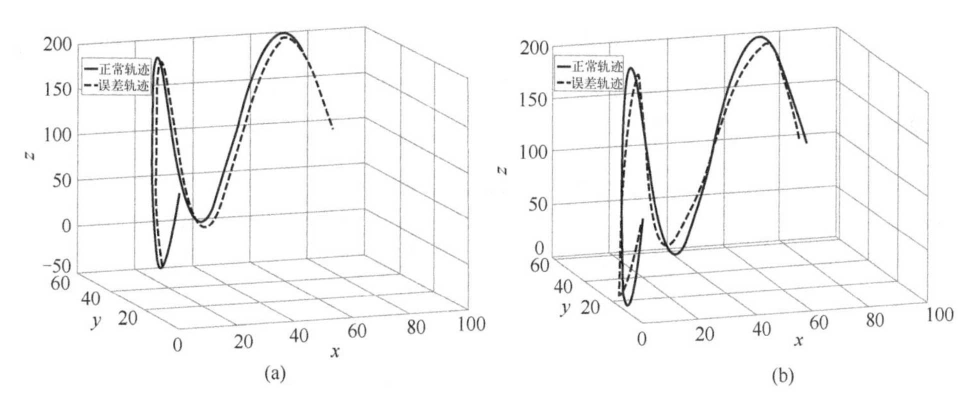

图4-13 5自由度串并联机构末端正常轨迹与误差轨迹仿真对比（6）

从图4-13（a）、（b）可以看出，增加串联机构的关节间隙误差值，末端轨迹的偏离增大，并伴随拐点出现，在图4-13（a）中误差轨迹缺失运动空间。通过仿真结果提取关节间隙误差对末端轨迹最大/最小偏差数据，如表4-6所示。

表4-6 末端轨迹偏差（6）

组数	关节间隙误差/mm		轨迹最小偏差/mm	轨迹最大偏差/mm
	R_1	R_2		
2	0.1		5.4224	18.76243
	0.1	0.1	2.4334	22.7894

③ 当串联机构关节误差增加到0.15mm时，5自由度串并联机构末端正常轨迹与误差轨迹仿真对比如图4-14所示。

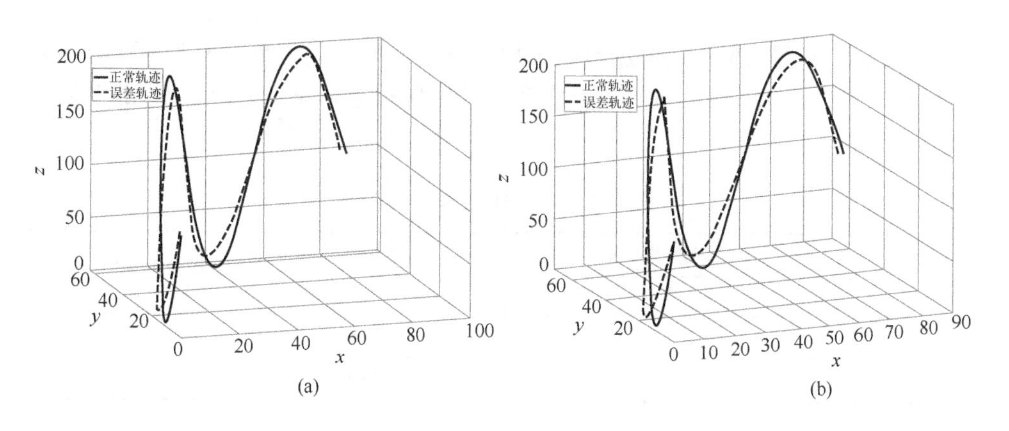

图4-14 5自由度串并联机构末端正常轨迹与误差轨迹仿真对比（7）

从图 4-14 中可以看出，增加串联机构的关节间隙误差值，末端轨迹的偏离增大且混乱，在轨迹波峰波谷时误差有拐点且交错。通过仿真结果提取关节间隙误差对末端轨迹最大/最小偏差数据，如表 4-7 所示。

表 4-7　末端轨迹偏差（7）

组数	关节间隙误差/mm		轨迹最小偏差/mm	轨迹最大偏差/mm
	R_1	R_2		
3	0.15		5.2489	26.5904
	0.15	0.15	1.2329	30.9834

④ 当串联机构关节误差增加到 0.2mm 时，5 自由度串并联机构末端正常轨迹与误差轨迹仿真对比如图 4-15（a）、（b）所示。

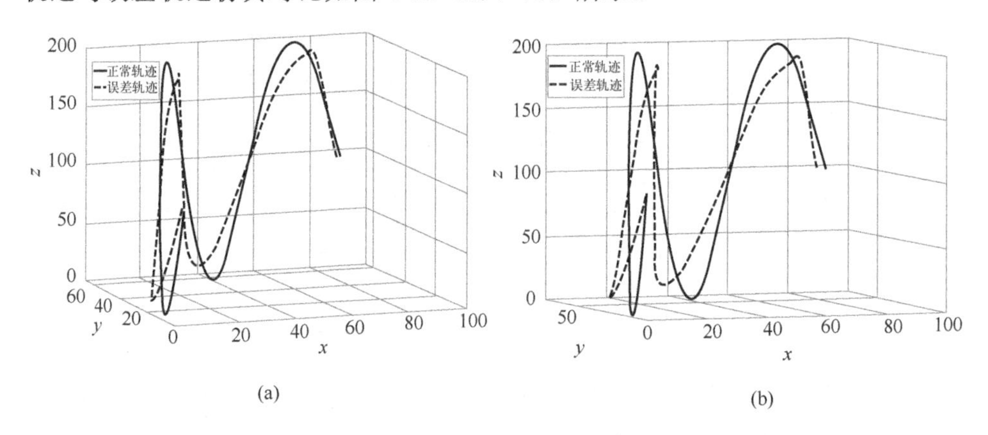

图 4-15　5 自由度串并联机构末端误差轨迹对比（8）

从图 4-15 可以看出，增加串联机构关节径向间隙误差值，末端轨迹的偏离剧增且拐点值增大。通过仿真结果提取关节间隙误差对末端轨迹最大/最小偏差数据，如表 4-8 所示。

表 4-8　末端轨迹偏差（8）

组数	关节间隙误差/mm		轨迹最小偏差/mm	轨迹最大偏差/mm
	R_1	R_2		
4	0.2		−4.6925	36.2424
	0.2	0.2	−7.8934	48.2694

综上所述：当 5 自由度串并联机构增加串联机构关节间隙误差时，末端轨迹位置偏差明显，且交错混乱，可知并联机构叠加到串联机构上，整体构成串

并联机构，误差以叠加方式加到机构末端。

通过表 4-5～表 4-8 得到的机构关节间隙误差对机构末端轨迹偏差值可以看出，在并联机构关节间隙误差基础上增加串联机构关节间隙误差后，机构末端轨迹偏差值随着关节间隙误差增加，末端轨迹偏差值叠加；关节间隙误差值越大，机构末端轨迹偏差越大。

4.6 本章小结

本章根据 5 自由度串并联机构构型特点，在机构运动学基础上，提出单开链单元-局部指数积公式法建立机构运动误差映射模型，分别对其并联部分和串联部分的误差源进行研究，在此基础上，把两部分误差进行叠加得到整体机构误差，针对 5 自由度串并联机构进行误差分析。本章的创新点与特色之处有：

① 把 5 自由度串并联机构在结构上分解成两部分，再根据 SOC 单元分析并联机构支链运动形式及运动副运动状态，确定机构关节径向间隙误差作为影响机构末端误差因子。再利用局部指数积公式法建立并联支链运动误差模型，对并联机构支链误差进行合并，建立并联机构耦合误差模型，并得出机构存在耦合误差特性。

② 对串联部分误差进行研究，串联机构看成并联机构的支链，对并联机构支链运动误差，此方法同样适用，并建立误差模型。

③ 将并联机构耦合误差模型和串联机构误差模型进行叠加，得到 5 自由度串并联机构误差模型，对两部分叠加误差模型分析可知，5 自由度串并联机构误差是呈累积的形式。

④ 对串并联机构进行耦合误差仿真分析，通过仿真结果可知，被动关节存在误差不仅对末端影响大，而且对驱动副行程产生影响，误差行程达到 93mm。对机构并联部分关节进行仿真对比，表明运动副运动不仅约束并联机构运动，而且误差也相互制约。通过验证 5 自由度串并联机构末端轨迹误差，表明并联机构中关节存在耦合误差现象。当增加串联机构时，5 自由度串并联机构末端轨迹误差剧增且出现交叉现象。

第 5 章 串并联机构机电耦合分析

5.1 概述

串并联机构系统（有时可简称为串并联机构）是由驱动系统、传动系统、控制系统以及负载系统等子系统组成的典型复杂机电系统。在这样的复杂系统中，各子系统之间存在多物理过程、多参量复杂耦合关系。

串并联机构的性能是由各个子系统之间相互耦合和系统的输入等多因素共同决定的，而子系统的性能也不全是由系统自身的机械参数和电参数确定的，它还要受到与它有耦合作用的其他子系统的影响。因此，在分析串并联机构机电耦合问题时，首先要建立各个子系统之间的局部耦合模型，并在此基础上将各局部耦合模型的耦合协同起来，最终建立起完整的串并联机构全局耦合模型，分析耦合参数对系统的影响，为解耦控制打下基础。

5.2 复杂机电系统机电耦合问题的提出及分析

现代典型机电系统是机、电、液、光等多物理过程融合于一体的复杂系统，也是将多种单元技术集成于机电载体，形成特定功能的复杂设备。串并联机构是将机、电等多物理变量融合于一体，同时集成各种模块化技术，具备相对完整的特定功能的复杂非线性机电耦合系统。它具有如下特征：①串并联机构是由各种技术高度集成的多功能机电设备；②串并联机构是由各个相同或不同的子系统组成的复杂有机整体，其各子系统之间是通过耦合相互联系的；③串并联机构的内部和外部环境之间，通过耦合作用进行物质、能量与信息的相互传递和转化，以此来实现多个复杂的物理过程和系统的基本功能；④串并联机构的整体行为不能通过独立分析其各子系统的行为来确定，而是需要基于多变量耦合与多异域技术协同的系统研究方法进行分析。

串并联机构主要包括驱动系统、机械系统和控制系统三个主要部分，其 I/O 关系和内部结构复杂，凭外部的描述并不能完全确定系统内部的结构和相互作用关系。同时，对于这样的非线性、多变量、强耦合复杂机电系统，内部可能出现这样的情况：外部输入没有影响到全部的变量或者有些变量甚至没有映射到外部输出中去，同时，串并联机构内部的各变量之间、各 I/O 之间也存在着相互耦合影响。这些因素都给串并联机构的建模、分析和控制增加了难度。

分析串并联数控机床进给系统的耦合是十分必要的，这些耦合大多是发生在参数之间、过程之间以及系统之间的相互作用，使串并联机构在机械结构、工作性能和运动行为等方面都与单纯独立的机电系统有着本质上的区别。若想解决这一问题，可以将串并联机构按执行的功能分解成若干个子模块，各个子模块既有自己相对独立完善的功能，又都相互耦合联系、协同运行，这些模块协同运行实现了串并联机构的复杂控制功能。

5.2.1　串并联机构全局机电耦合分析

串并联机构是一类典型的高精度伺服系统，它需要有稳定的运行、保持过程和自适应、自调节能力。串并联机构耦合分析的根本目的在于研究串并联数控机床机电耦合对伺服进给运动的影响，分析其相关机理，总结伺服进给系统功能的规律，为串并联机构解耦控制打下坚实的基础。

串并联机构的机电耦合主要表现在电力驱动系统的电参数和机械传动系统的运动、力参数之间的耦合。在串并联机构中，常见的机电耦合形式有：电磁转矩耦合、谐波转矩耦合、多变量控制回路之间的相互耦合以及子模块之间的相互耦合。下面介绍这四种耦合形式：

① 电磁转矩耦合　它是串并联机构中机电耦合的基本形式。由电磁场相互作用而产生的电磁转矩，驱动串并联数控机床的传动装置，控制末端执行机构的运动形式、状态和轨迹。

② 谐波转矩耦合　在串并联数控机床中，供电系统是由晶闸管等整流装置组成的，因此，电机回路中的谐波电流在电机定子和电枢之间通过电磁场进行能量转换，并将其反映到主传动轴上，形成了谐波电磁转矩。

③ 多变量控制回路耦合　经过反馈回路又进入串并联数控机床控制系统

的电枢回路中的谐波电流，通过控制回路的再一次“放大”后，又作用到串并联机构的机械主体中。此外，串并联机构中的各控制变量对于主体功能本身就是一种扰动，这就导致串并联机构的自身具有许多非线性的环节，动作精度与变量之间具有随机性，机电耦合状态也具有时变性。

④ 多子模块相互耦合　在串并联机构中，机电参数之间存在相互渗透或者相互耦合的情况。一般地，串并联机构这样的复杂机电系统都是由 n 个子模块耦合而成的，只需要选择恰当的耦合变量，其耦合模型中系统耦合矩阵可以写成如图 5-1 所示的形式。

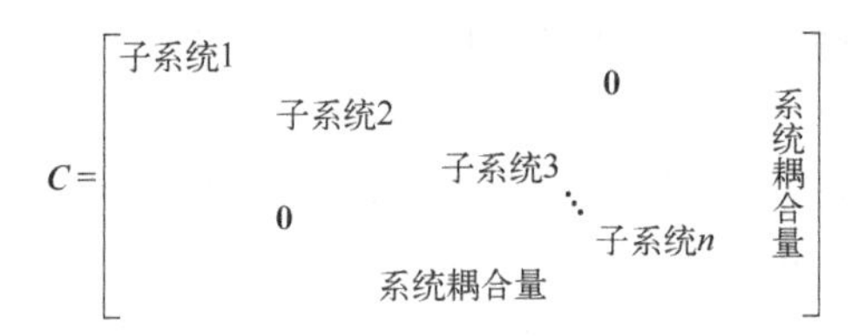

图 5-1　复杂机电系统耦合矩阵框图

通过以上对串并联机构的全局耦合分析，可将具有全局耦合关系的系统分解成局部耦合的子系统，将子系统中各个元器件的模型建立起来，找到相互渗透、相互耦合的各个系统耦合量，从而建立串并联数控机床全局耦合系统。下一小节将着重分析具有典型代表性的永磁同步电动机-传动进给系统。

5.2.2　串并联机构电动机局部机电耦合分析

针对串并联机构电动机-传动进给子系统进行具体分析，将其从全局耦合模型中抽离出来，并用图 5-2 所示的框图来描述该子系统的局部耦合情况，然后建立其电气和机械模型。

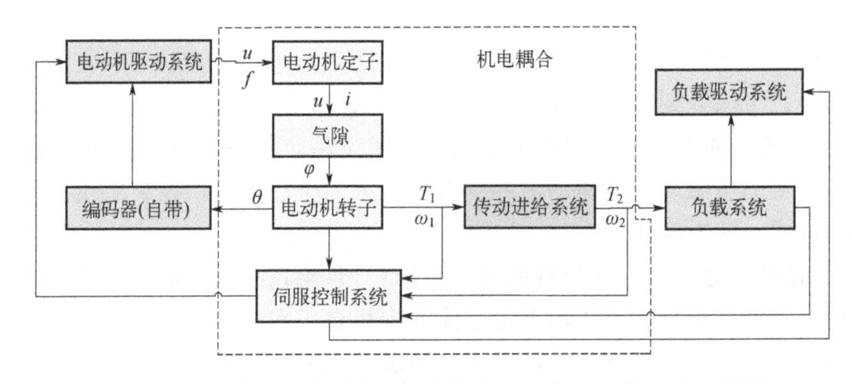

图 5-2　串并联机构电动机-传动进给子系统机电耦合关系框图

串并联机构的性能不仅受电动机驱动模块的电磁参数影响，同时还要受伺服系统机械力学参数的影响。下面总结了一些影响串并联机构性能的因素，但是需要指出的是，影响串并联机构性能的因素是很多的，这里指出的不包括未知的或者无法测量的因素。

（1）串并联机构的机械结构参数

进给机构是串并联机构的重要组成部分，它的性能决定了整个伺服系统的工作品质。从工程实践情况和现有的大量参考文献资料出发，得到影响串并联机构性能的机械结构参数主要有以下几个：

① 传动刚度；

② 传动误差；

③ 传动回程误差；

④ 转动惯量；

⑤ 谐振频率；

⑥ 摩擦力矩。

导致传动回程误差的因素不止一个，主要包括齿轮侧间隙、销轴转动副间隙、滚珠丝杠等机械构件的受载变形等。传动装置中的间隙、变形对串并联机构的动、静态性能均有影响。传动回程误差不仅会影响串并联机构的精度，甚至会影响伺服系统的稳定性。当然，为了提高伺服控制系统的精度，我们也努力尝试了很多方法，试图对间隙做一定的补偿，但无论采用怎样的方法，进行多少补偿，最终也不能完全消除误差。出现这样的情况主要有以下两类原因：

① 补偿是静态的，而运动会造成动态误差；

② 引起补偿的因素不止一个，每一个补偿的量化值也是不尽相同的，因此完全补偿是不可能做到的。

（2）串并联系统的控制系统参数

控制系统是串并联机构的另一个重要组成部分，它的性能最终决定了整个伺服系统的工作品质。从工程实践角度出发，同时总结了现有的大量参考文献资料，得到影响串并联机构系统性能的控制系统参数主要有以下几个：

① 系统开环截止频率。实际的串并联机构的开环对数幅频特性 $L(\omega)$ 如图 5-3 所示。

② 带宽频率。图 5-4 所示的是典型系统闭环幅频特性，当频带较宽时，说明串并联机构可以通过频率较高的信号；当频带较窄时，说明串并联机构可以通过频率较低的信号。

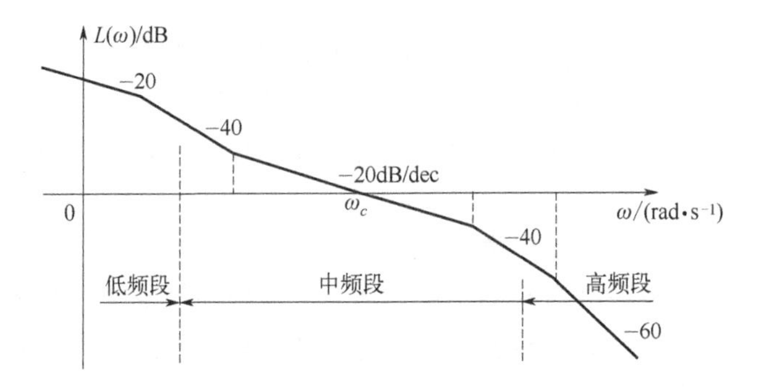

图 5-3　典型系统开环对数幅频特性曲线

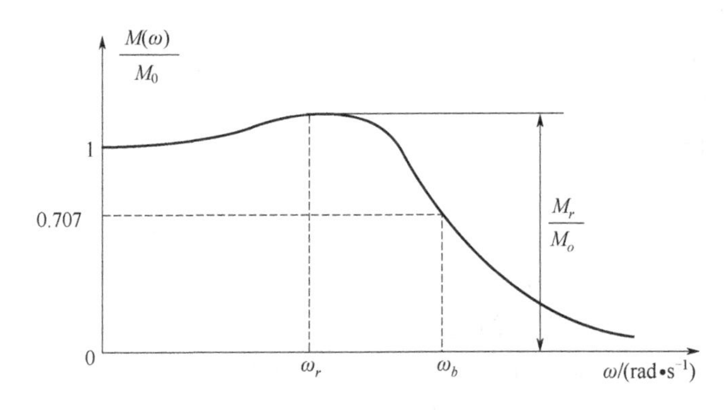

图 5-4　典型系统闭环幅频特性曲线

③ 时间常数。

④ 开环增益。它是影响串并联机构各项性能指标的重要参数，与系统动态性能的参数 ω_n、ξ 以及系统的结构参数 K、T 有关。

伺服系统固有频率

$$\omega_n = \sqrt{\frac{K}{T}} \tag{5-1}$$

相对阻尼系数

$$\xi = \frac{1}{2\sqrt{KT}} \tag{5-2}$$

⑤ 永磁同步电动机的转动惯量。为使串并联机构设计更加合理，参数更为匹配，一般应将该转动惯量控制在下式所规定的范围内

$$\frac{1}{4} \leqslant \frac{J_L}{J_m} \leqslant 1 \tag{5-3}$$

5.2.3 串并联机构机电耦合参数提取

串并联机构的机械结构参数和控制参数之间相互耦合，影响着串并联机构的综合性能。但是，到底哪些变量参与了耦合，它们又与哪些变量发生了耦合，对系统造成了哪些影响，这些是本小节要解决的问题。

（1）传动刚度与系统开环截止频率

要使机械谐振峰不影响伺服系统的动态品质，必须保证其在串并联机构特性的中频段外，传动刚度 J_Z 需满足下式

$$\sqrt{\frac{K_E}{J_Z}} = \omega_n > (8 \sim 10)\omega_c \tag{5-4}$$

式中，K_E 为串并联机构材料的弹性模量；ω_n 为串并联机构机械模块中的谐振频率。

（2）传动误差与系统开环截止频率

当串并联机构的传动装置存在传动误差时，为了便于分析，可以近似看成在它的输出轴上叠加了一个干扰信号，可将其传动误差分为低频分量（它是落在开环截止频率之内的）和高频分量（它是落在开环截止频率之外的）。通过分析可知，这里所指的高频传动误差是串并联机构的传动误差落在开环截止频率外。

（3）传动回程误差与伺服系统性能

理想数控系统 I/O 之间的关系应当是线性的，但间隙和弹性形变引起的传动回程误差使 I/O 之间呈现了非线性关系。它是串并联机构机械构件的重要指标，使串并联机构性能产生相位滞后和自振荡现象。

（4）转动惯量 J_L 与系统开环截止频率 ω_c 的关系式为

$$\omega_c = \sqrt{\frac{M_{FS}\varphi_{\omega_c}}{J_L[2\Delta]}} \tag{5-5}$$

从理论分析上可知，当静摩擦力矩 M_{FS}、机械传动空回 $[2\Delta]$ 及其等效相位滞后 φ_{ω_c} 一定时，转动惯量 J_L 增大，则系统开环截止频率 ω_c 减小，使系统的跟踪精度下降，系统启动时间和过渡过程时间加长，相角裕量减小，过渡过程超调量加大，这些都不利于系统性能提高。

（5）结构谐振频率与伺服系统开环频率 ω_c 的关系

结构谐振频率 ω_L 对伺服系统性能的影响是它限制了伺服系统速度环截止频率 ω_{cr}，进而限制了系统开环截止频率 ω_c。结构谐振频率 ω_L 限制了速度环截

止频率 ω_{cr} 的范围

$$\omega_{cr} \leqslant (4 \sim 5)\omega_L \tag{5-6}$$

而通常，速度环截止频率 ω_{cr} 与开环截止频率 ω_c 有以下关系

$$\omega_c \leqslant (1 \sim 3)\omega_{cr} \tag{5-7}$$

于是，我们可以最终得到结构谐振频率 ω_L 与开环截止频率 ω_c 的限制关系

$$\omega_c \leqslant (1 \sim 4)\omega_L \tag{5-8}$$

综上所述，影响伺服系统性能的因素有：传动装置的传动比、转动惯量、结构谐振频率、传动误差、传动回程误差、传动刚度、负载转矩扰动、摩擦、谐波转矩扰动、齿槽转矩扰动。优良的伺服进给系统机械结构性能指标是指串并联机构各个模块间、各个参数之间相互配合，进而达到优良的伺服进给控制系统性能的指标。

5.3 串并联机构机电耦合建模

实际上，对于串并联机构，其机电耦合问题的实质就是伺服系统电端口与机械端口通过电磁场耦合，最终将控制部分的信号按功能转化成与之相对应的机械动作，实现机电之间的能量交换。为了对串并联机构进行研究，首先是要建立起伺服系统的运动方程。它一般由机械方程和电路方程组成。因此，机电耦合系统的建模可以概括为以下步骤：

① 分解类似串并联机构的机电耦合部分，根据各元件或模块具有的物理特性或完成功能写出它们的 I/O 方程。

② 连接分解出来的机电元件或等效的模块化的机电元件，即画出元件或者模块的连接原理图。

③ 写出机电耦合动力学方程。如图 5-5 所示，电磁耦合场将电网络模块和机械网络模块联系起来，以实现串并联机构的机电能量转换。

图 5-5 机电耦合系统构成框图

联立上述的电网络、机械网络和机电耦合方程，即可得到串并联机构的耦

合数学模型。图 5-6 为串并联机构框图，在本节中将对串并联机构子系统及各个元器件进行建模。

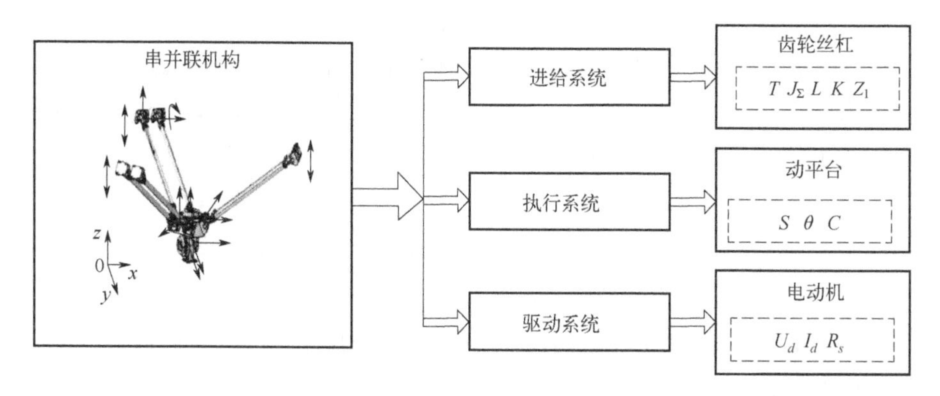

图 5-6　串并联机构框图

5.3.1　串并联机构电动机的建模

永磁同步电动机（PMSM）不需要励磁电流，同时转子上无阻尼绕组，和相同功率的异步电动机相比，体积更小，效率更高。永磁同步电动机由三相交流电流 I 产生旋转磁动势建立电枢磁场，一方面切割定子绕组并在定子绕组中产生感应电动势，另一方面以电磁力拖动转子以同步转速旋转。

PMSM（PMSM 无阻尼绕组）采用三相交流供电，数学模型比普通同步电动机简单，在工程允许的误差范围内，转子磁链在气隙中呈正弦分布，转子磁链在各绕组中的交链分别为

$$\begin{bmatrix}\varphi_r^A(\theta_e)\\ \varphi_r^B(\theta_e)\\ \varphi_r^C(\theta_e)\end{bmatrix}=\varphi_f\begin{bmatrix}\cos\theta_e\\ \cos(\theta_e-2\pi/3)\\ \cos(\theta_e-4\pi/3)\end{bmatrix} \tag{5-9}$$

式中，φ_f 为永磁同步电动机的转子磁链幅值，一般为常数；θ_e 为空间电角度，$\theta_e=\omega_e t+\gamma$（$\omega_e$ 为转子角速度，γ 为起始角）；$\varphi_r^A(\theta_e)$、$\varphi_r^B(\theta_e)$、$\varphi_r^C(\theta_e)$ 为转子磁链在 A、B、C 相绕组中产生的交链，是 θ_e 的函数。

不考虑永磁同步电动机的凸极效应，凸极系数 $\rho=L_d/L_q=1$，其中 L_d、L_q 分别为直轴电感和交轴电感。为了方便起见，它们也常常统一用 L 表示。因此，永磁同步电动机在三相定子坐标系下的数学模型——永磁同步电动机三相定子绕组电压回路方程如下

$$\begin{bmatrix} u_A \\ u_B \\ u_C \end{bmatrix} = \begin{bmatrix} R_s & 0 & 0 \\ 0 & R_s & 0 \\ 0 & 0 & R_s \end{bmatrix} \begin{bmatrix} i_A \\ i_B \\ i_C \end{bmatrix} + p \begin{bmatrix} \psi_A \\ \psi_B \\ \psi_C \end{bmatrix} \tag{5-10}$$

式中，u_A、u_B、u_C为永磁同步电动机的各相定子绕组的电压；R_s为电枢绕组电阻；i_A、i_B、i_C为各相绕组电流；p为微分算子，即$\mathrm{d}/\mathrm{d}t$；ψ_A、ψ_B、ψ_C为各相绕组的总磁链，磁链方程为

$$\begin{bmatrix} \psi_A \\ \psi_B \\ \psi_C \end{bmatrix} = \begin{bmatrix} L_{AA}(\theta_e) & M_{AB}(\theta_e) & M_{AC}(\theta_e) \\ M_{BA}(\theta_e) & L_{BB}(\theta_e) & M_{BC}(\theta_e) \\ M_{CA}(\theta_e) & M_{CB}(\theta_e) & L_{CC}(\theta_e) \end{bmatrix} \begin{bmatrix} i_A \\ i_B \\ i_C \end{bmatrix} + \begin{bmatrix} \varphi_r^A(\theta_e) \\ \varphi_r^B(\theta_e) \\ \varphi_r^C(\theta_e) \end{bmatrix} \tag{5-11}$$

式中，$L_{XX}(\theta_e)$为各相绕组的自感；$M_{XY}(\theta_e)$为各相绕组间的互感。根据电机模型的假设，可得

$$\begin{cases} L_{11}(\theta_e) = L_{22}(\theta_e) = L_{33}(\theta_e) = L_1 \\ M_{12}(\theta_e) = M_{12}(\theta_e) = M_{21}(\theta_e) = M_{23}(\theta_e) = M_{31}(\theta_e) = M_{32}(\theta_e) = M_1 \end{cases} \tag{5-12}$$

令$L = L_1 - M_1$，并考虑到$i_A + i_B + i_C = 0$，得

$$\begin{aligned} \begin{bmatrix} u_A \\ u_B \\ u_C \end{bmatrix} &= \begin{bmatrix} R_s & 0 & 0 \\ 0 & R_s & 0 \\ 0 & 0 & R_s \end{bmatrix} \begin{bmatrix} i_A \\ i_B \\ i_C \end{bmatrix} + p \begin{bmatrix} \psi_A \\ \psi_B \\ \psi_C \end{bmatrix} \\ &= \begin{bmatrix} R_s & 0 & 0 \\ 0 & R_s & 0 \\ 0 & 0 & R_s \end{bmatrix} \begin{bmatrix} i_A \\ i_B \\ i_C \end{bmatrix} + p \left\{ \begin{bmatrix} L_{AA}(\theta_e) & M_{AB}(\theta_e) & M_{AC}(\theta_e) \\ M_{BA}(\theta_e) & L_{BB}(\theta_e) & M_{BC}(\theta_e) \\ M_{CA}(\theta_e) & M_{CB}(\theta_e) & L_{CC}(\theta_e) \end{bmatrix} \begin{bmatrix} i_A \\ i_B \\ i_C \end{bmatrix} \right\} + p \begin{bmatrix} \varphi_r^A(\theta_e) \\ \varphi_r^B(\theta_e) \\ \varphi_r^C(\theta_e) \end{bmatrix} \\ &= \begin{bmatrix} R_s & 0 & 0 \\ 0 & R_s & 0 \\ 0 & 0 & R_s \end{bmatrix} \begin{bmatrix} i_A \\ i_B \\ i_C \end{bmatrix} + \begin{bmatrix} L_1 & M_1 & M_1 \\ M_1 & L_1 & M_1 \\ M_1 & M_1 & L_1 \end{bmatrix} p \begin{bmatrix} i_A \\ i_B \\ i_C \end{bmatrix} - \omega_e \varphi_f \begin{bmatrix} \sin(\theta_e) \\ \sin(\theta_e - 2\pi/3) \\ \sin(\theta_e - 4\pi/3) \end{bmatrix} \end{aligned} \tag{5-13}$$

永磁同步电动机在三相坐标系下的模型向两相定子坐标系和同步旋转坐标系下的模型转换，采用功率不变约束的坐标变换，三相定子坐标系和两相定子坐标系之间坐标变换阵为

$$\boldsymbol{C}_{3/2} = \sqrt{\frac{2}{3}} \begin{bmatrix} 1 & -\frac{1}{2} & -\frac{1}{2} \\ 0 & \frac{\sqrt{3}}{2} & -\frac{\sqrt{3}}{2} \\ \frac{1}{\sqrt{2}} & \frac{1}{\sqrt{2}} & \frac{1}{\sqrt{2}} \end{bmatrix} \tag{5-14}$$

三相定子坐标系到两相同步旋转坐标系的变换式 $\boldsymbol{C}_{3s/2r}$ 为

$$\boldsymbol{C}_{3s/2r}=\sqrt{\frac{2}{3}}\begin{bmatrix}\cos\theta_e & \sin\theta_e & 0\\ -\sin\theta_e & \cos\theta_e & 0\\ 0 & 0 & 1\end{bmatrix}\begin{bmatrix}1 & -\frac{1}{2} & -\frac{1}{2}\\ 0 & \frac{\sqrt{3}}{2} & -\frac{\sqrt{3}}{2}\\ \frac{1}{\sqrt{2}} & \frac{1}{\sqrt{2}} & \frac{1}{\sqrt{2}}\end{bmatrix}$$

$$=\sqrt{\frac{2}{3}}\begin{bmatrix}\cos\theta_e & \cos(\theta_e-2\pi/3) & \cos(\theta_e-2\pi/3)\\ -\sin\theta_e & -\sin(\theta_e-2\pi/3) & -\sin(\theta_e-2\pi/3)\\ \frac{1}{\sqrt{2}} & \frac{1}{\sqrt{2}} & \frac{1}{\sqrt{2}}\end{bmatrix} \tag{5-15}$$

5.3.2　串并联机构传动系统建模

假如串并联机构为同步齿形带与齿轮副共同组成的传动机构，其传动系统模型可以用传动比来描述，即

$$i^*=\frac{Z_1}{Z_2}\times\frac{Z_3}{Z_4} \tag{5-16}$$

式中，$\frac{Z_1}{Z_2}$ 为 2 轴大带轮与 1 轴小带轮的节圆直径之比；$\frac{Z_3}{Z_4}$ 为 2 轴小带轮与 3 轴大带轮的节圆直径之比。

完整的进给系统模型需由三个基本参数来描述，即进给系统力矩、进给系统转动惯量以及进给系统刚度。通过力学耦合分析，建立进给系统模型

$$\begin{cases}T_1=\left[J_1+J_2\left(\dfrac{Z_1}{Z_2}\right)+J_3\left(\dfrac{Z_1}{Z_2}\times\dfrac{Z_3}{Z_4}\right)^2+m\left(\dfrac{L}{2\pi}\right)\left(\dfrac{Z_1}{Z_2}\times\dfrac{Z_3}{Z_4}\right)^2\right]\omega\\ J_\Sigma=J_1+J_2\left(\dfrac{Z_1}{Z_2}\right)+J_3\left(\dfrac{Z_1}{Z_2}\times\dfrac{Z_3}{Z_4}\right)^2+m\left(\dfrac{L}{2\pi}\right)\left(\dfrac{Z_1}{Z_2}\times\dfrac{Z_3}{Z_4}\right)^2\\ K=\dfrac{1}{\dfrac{1}{K_1}+\left(\dfrac{Z_2}{Z_1}\right)^2\dfrac{1}{K_2}+\left(\dfrac{Z_2}{Z_1}\times\dfrac{Z_4}{Z_3}\right)^2\left(\dfrac{1}{K_3}+\left(\dfrac{2\pi}{L}\right)^2\dfrac{1}{K_N}\right)}\end{cases} \tag{5-17}$$

串并联机构执行系统的运动轨迹为动平台中心运动轨迹，因此执行系统模型即为并联单元电动机输出轴转角与动平台位移的函数关系，即

$$J_{\Sigma}x''+c_i x''+Kx=\left(\frac{L}{2\pi}\right)\left(\frac{Z_1}{Z_2}\times\frac{Z_3}{Z_4}\right)K\alpha \tag{5-18}$$

上式即可定义为串并联机构执行系统模型。

5.3.3 串并联机构机电耦合数学模型

将永磁同步电动机作为伺服进给传动系统的驱动部分，得到串并联机构的数学模型，即

$$\begin{cases}
i^*=\dfrac{Z_1}{Z_2}\times\dfrac{Z_3}{Z_4}=\dfrac{\omega_2}{\omega_1}\times\dfrac{\omega_4}{\omega_3}\\
T_1=\left[J_1+J_2\left(\dfrac{Z_1}{Z_2}\right)+J_3\left(\dfrac{Z_1}{Z_2}\times\dfrac{Z_3}{Z_4}\right)^2+m\left(\dfrac{L}{2\pi}\right)\left(\dfrac{Z_1}{Z_2}\times\dfrac{Z_3}{Z_4}\right)^2\right]\omega\\
J_{\Sigma}=J_1+J_2\left(\dfrac{Z_1}{Z_2}\right)+J_3\left(\dfrac{Z_1}{Z_2}\times\dfrac{Z_3}{Z_4}\right)^2+m\left(\dfrac{L}{2\pi}\right)\left(\dfrac{Z_1}{Z_2}\times\dfrac{Z_3}{Z_4}\right)^2\\
K=\dfrac{1}{\dfrac{1}{K_1}+\left(\dfrac{Z_2}{Z_1}\right)^2\dfrac{1}{K_2}+\left(\dfrac{Z_2}{Z_1}\times\dfrac{Z_4}{Z_3}\right)^2\left[\dfrac{1}{K_3}+\left(\dfrac{2\pi}{L}\right)^2\dfrac{1}{K_N}\right]}\\
\dfrac{\mathrm{d}I_d}{\mathrm{d}t}=\dfrac{U_d}{L_s}-\dfrac{R_s}{L_s}I_d+\omega I_q\\
\dfrac{\mathrm{d}I_q}{\mathrm{d}t}=\dfrac{U_q}{L_s}-\dfrac{R_s}{L_s}I_q-\omega I_d-\dfrac{\lambda}{L_s}\omega\\
\dfrac{\mathrm{d}\omega}{\mathrm{d}t}=\dfrac{p^2\lambda}{J_{\Sigma}}I_q-\dfrac{f}{J_{\Sigma}}\omega-\dfrac{p}{J_{\Sigma}}T_1\\
\dfrac{\mathrm{d}\theta}{\mathrm{d}t}=\omega\\
\dfrac{\mathrm{d}T_1}{\mathrm{d}t}=0
\end{cases} \tag{5-19}$$

从公式分析中不难看出，转动惯量 J_{Σ}、转速 ω 和转矩 T_1 是不可消除的耦合分量。

5.4　串并联机构控制器的设计

5.4.1　串并联机构电流环控制器的设计

为了实现串并联机构电流的无差调节，选择电流矢量控制形式 $i_d=0$，还需要电流调节器结构选择与参数设计的相互匹配，这就需要计算出电流环控制对象的传递函数，包括 PWM 逆变器、电枢回路、电流采样和滤波。将 PWM 逆变器看成是时间常数 τ_v（$\tau_v=1/f, f$ 为逆变器工作频率）的一个一阶惯性环节。电动机电枢回路电阻 R_s、电感 L_s 均为一阶惯性环节。通过电流调节器的合理调节，当低速运行时，几乎完全消除了反电动势对电流环的干扰，电流的跟随误差较小，这时，串并联机构的控制特性取决于电流调节器自身的性能；当高速运行时，由于扰动，外加电压与电动势的差值将变小。对电动机一相绕组方程为

$$u_{\Phi}=e_{\Phi}+L_s\mathrm{d}i_s/\mathrm{d}t+i_sR_s \tag{5-20}$$

理论上，串并联机构三个并联轴的电流环是相互独立的，为了便于分析问题，串并联机构的双环动态结构如图 5-7 所示。

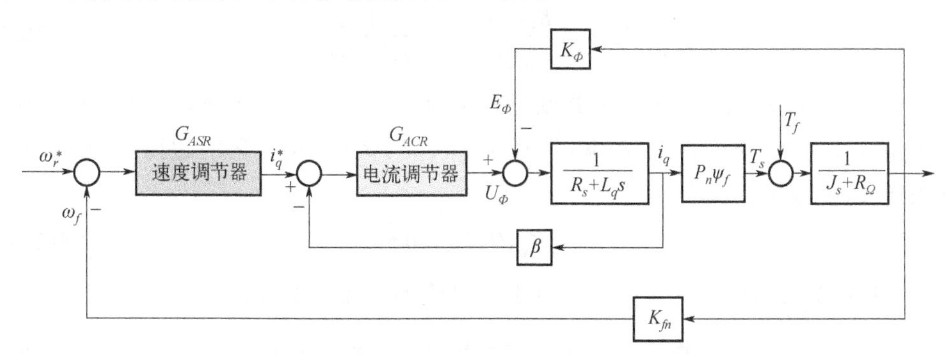

图 5-7　串并联机构双环动态结构图

图中，ω_r^*是电动机速度给定值；ω_f是电动机转速反馈的实际值；K_{fn}为速度反馈系数；β为电流反馈系数；U_{Φ}、E_{Φ}分别为永磁同步电动机端口电压和电势（U_{Φ}和E_{Φ}为等效直流量）；i_q^*为转矩电流给定值；i_q为转矩电流实际值；T_f为负载转矩；K_{Φ}为电动机电势系数；G_{ASR}、G_{ACR}分别为速度、电流调节器。将电动机反电势看成是一个常数，此时，电流环控制对象为

$$G_{iobj}(S)=\frac{K_v K_m \beta}{(T_{li}s+1)(T_i s+1)} \tag{5-21}$$

式中，$K_m=1/R_s$；$T_{li}=L_q/R_s$为永磁同步电动机电枢回路时间常数；$T_i=\tau_v+T_{oi}$为等效惯性环节的时间常数，T_{oi}为电流采样滤波的时间常数；K_v为逆变器电压的放大倍数，忽略反电势及小惯性环节，电流环截止频率满足

$$\omega_{ci}\geqslant 3\sqrt{9.55P_n\psi_f K_\Phi/(T_{li}J)} \tag{5-22}$$

$$\omega_{ci}\leqslant\sqrt{1/(\tau_v T_{oi})}/3 \tag{5-23}$$

结合以上分析，可以将电流环看成两个一阶惯性环节的串联。按照调节器的一般工程设计方法，将电流环校正为典型I型系统，电流调节器G_{ACR}选为PI调节器时，则有

$$G_{ACR}(s)=\frac{K_{pi}\tau_i s+1}{\tau_i s} \tag{5-24}$$

式中，K_{pi}为电流调节器的比例系数；τ_i为电流调节器的积分时间常数。为使调节器的零点对消，以此来控制对象时间常数极点，选择

$$K_{pi}\tau_i s+1=T_{li}s+1 \tag{5-25}$$

由式（5-12）、式（5-15）、式（5-16）得电流环的开环传递函数为

$$G_{ik}(s)=\frac{K_v K_m \beta/\tau_i}{s(T_i s+1)}=\frac{K_i}{s(T_i s+1)} \tag{5-26}$$

式中，$K_i=K_v K_m \beta/\tau_i$为串并联机构电流环的开环放大系数。为了获得较快的响应，又不至于有太大的超调，选择$K_i T_i=0.5$。此时，电流环的超调量为4.3%，且响应速度较快，即有

$$K_v K_m \beta T_i/\tau_i=0.5 \tag{5-27}$$

则由式（5-25）、式（5-27）可确定电流调节器的参数。

表5-1 电流环调节器设计及有关参数

名称	参数	名称	参数
比例系数	6.3	积分时间常数	0.0033
截止频率	2976	惯性时间常数	1.648×10^{-4}
电流反馈系数	0.58	逆变器电压放大倍数	14.68
逆变器等效时间常数	5.556×10^{-5}	电流反馈滤波时间常数	1.13×10^{-4}
电枢回路时间常数/s	0.0143762	电流闭环等效一阶惯性时间常数/s	3.376×10^{-4}

PWM 调制频率 $f=18000\text{Hz}$，逆变器等效惯性时间常数为 $54.67\mu s$，等效电压放大倍数为 14.78， $\beta=0.58$，电流反馈滤波 $T_{oi}=1.1\times10^{-4}\text{s}$。由计算可得调节器参数如表 5-1 所示，数据代入式（5-22）、式（5-23），可求得调节器的具体元件参数。

5.4.2　串并联机构速度环控制器的设计

经电流调节器调节校正后，电流环如图 5-8 所示。为了分析方便，做如下的假设：①电流滤波时间常数和反馈滤波时间常数相等；②电流给定为 i_q^*/β。将图 5-8 的电流环闭环传递函数等效为一阶惯性环节

$$G_{ib}(s)=\frac{K_i}{T_i s+1} \tag{5-28}$$

若想降阶，速度环截止频率需要满足下面的条件

$$\omega_{cn}\leqslant\sqrt{K_i/T_i}/3 \tag{5-29}$$

式中， $K_i=1/\beta$， $T_i=1/K_i$。将电流环看成速度环内的一个环节，由此得速度环结构框图，如图 5-9 所示。

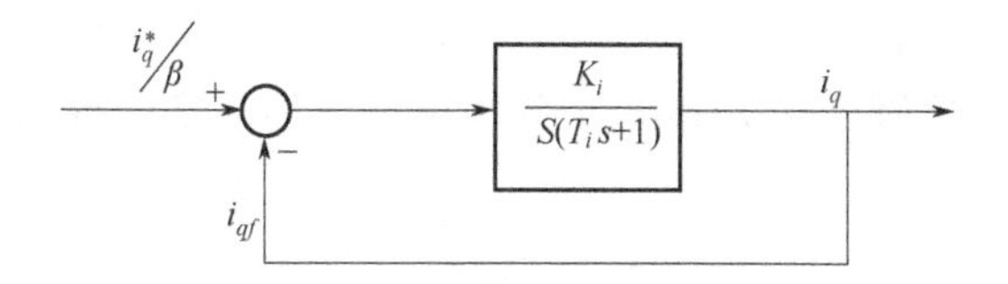

图 5-8　电流环控制结构图

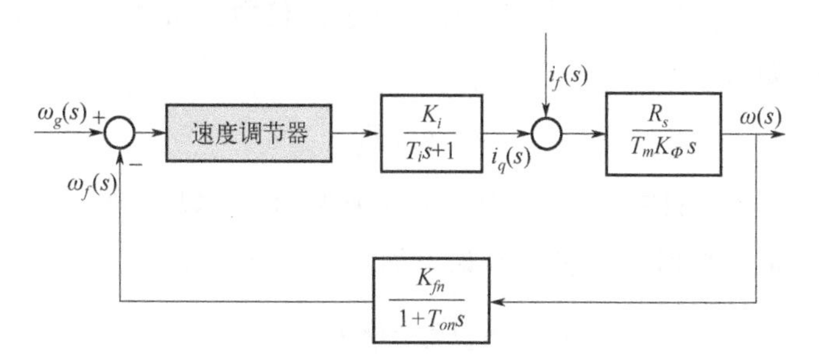

图 5-9　速度环控制结构图

图 5-9 中，T_m 为电动机机电时间常数，$T_m=\dfrac{J\times R_s}{9.55\times K_\Phi\times K_T}$，$T_{on}$ 为速度环反馈滤波时间常数。这样得到了速度调节器控制对象传递函数

$$G_{nobj}(s)=\frac{K_iR_sK_{fn}}{T_mK_{\Phi}s(T_is+1)(T_{on}s+1)} \tag{5-30}$$

类比于电流环的处理方法，惯性环节$T_{\Sigma n}$是由小时间常数T_i和时间常数T_{on}合并成的，$T_{\Sigma n}=T_i+T_{on}$，则速度环控制对象为

$$G_{nobj}(s)=\frac{K_iR_sK_{fn}/T_mK_{\Phi}}{s(T_{\Sigma n}s+1)}=\frac{K_{on}}{s(T_{\Sigma n}s+1)} \tag{5-31}$$

小惯性环节等效条件是速度环截止频率满足

$$\omega_{cn}\leqslant\sqrt{1/T_iT_{on}}/3 \tag{5-32}$$

式（5-31）中，$K_{on}=K_iR_sK_{fn}/(T_mK_{\Phi})$。这样，串并联机构的速度环可以看成一个惯性环节和一个积分环节的串联。在负载扰动前加一个积分环节，这样可以使速度无静差调节。以此构成的速度环开环传递函数中就有两个积分环节，这是典型的Ⅱ型系统。该系统可在实现速度响应无差调节的同时，满足动态抗扰性能的要求。速度环 PI 调节器的传递函数为

$$G_{npi}(s)=\frac{K_{pn}(\tau_ns+1)}{\tau_ns} \tag{5-33}$$

式中，K_{pn}、τ_n分别称为速度调节器比例系数、积分时间常数。

校正过后的速度环变成为典型Ⅱ型系统，开环传递函数为

$$G_{nk}(s)=\frac{K_N(\tau_ns+1)}{s^2(T_{\Sigma n}s+1)} \tag{5-34}$$

式中，$K_N=K_{on}K_{pn}/\tau_n$，为速度环开环放大倍数。为分析方便，引入变量h（中频宽度），定义

$$h=\tau_n/T_{\Sigma n} \tag{5-35}$$

对于一定的h，只有一个确定的ω_{cr}（或K_N），可以得到一个确定的最小闭环幅频特性峰值。此时，速度环有如下的关系

$$K_N=\omega_{cn}/\tau_n=(h+1)/2\tau_n^2 \tag{5-36}$$

$$\omega_{cn}=(1/\tau_n+1/T_{\Sigma n})/2 \tag{5-37}$$

由式（5-36）、式（5-37）和$K_N=K_{on}K_{pn}/\tau_n$求得调节器参数

$$\tau_n=hT_{\Sigma n} \tag{5-38}$$

$$K_{pn}=\frac{h+1}{2h}\times\frac{T_m K_\Phi}{T_{\Sigma n}K_i R_s K_{fn}} \tag{5-39}$$

取速度反馈滤波时间常数 $T_{on}=0.0001\mathrm{s}$，则 $T_{\Sigma n}=0.000438\mathrm{s}$。取 $h=4.5$，由式（5-37）得 $\omega_{cr}=1370\mathrm{s}^{-1}$，代入参数得速度调节器参数，如表 5-2 所示。如考虑电动机负载，计算负载转动惯量，代入式（5-38）和式（5-39）求得速度调节器参数。

表 5-2　速度调节设计结果及速度环有关参数

名称	参数	名称	参数
等效时间常数	0.000329	中频宽度	4.5
截止频率	1370	比例系数	7.39
小时间常数	0.000397	积分时间常数	0.00205
反馈滤波时间常数	0.0001	电动机机电时间常数	0.00183

5.4.3　串并联机构控制系统位置环控制器的设计

类比电流环和速度环的设计方法，为设计串并联机构的位置环，将速度环用闭环传递函数代替，伺服系统动态结构如图 5-10 所示。

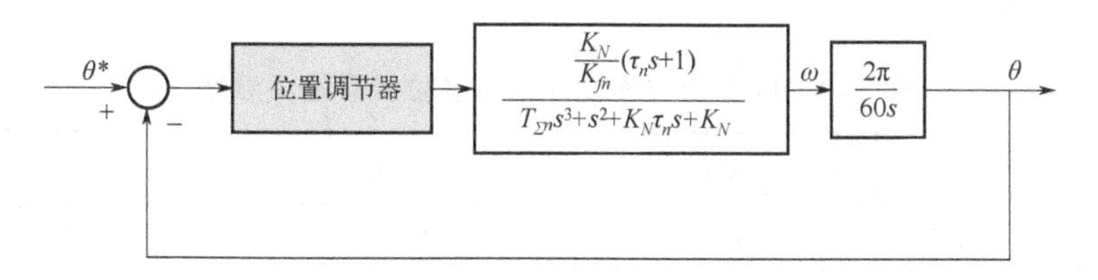

图 5-10　伺服系统位置环结构图

在分析串并联机构时，将速度环近似等效成一阶惯性环节。用伺服系统单位阶跃响应的时间作为该伺服系统等效惯性环节时间常数 T_W，速度环闭环放大倍数表示为 K_W，即电机实际转速和伺服转速之间的比值，速度环表示为

$$G_{bn}(s)=\frac{K_W}{T_W s+1} \tag{5-40}$$

将速度环等效完成后，位置环控制对象是由一个积分环节和一个惯性环节串联而成的。对于串并联机构，位置伺服不希望位置调节时出现超调量或者产生振荡，以免降低位置环的控制精度。因此，在设计位置控制器时采用了比例调节器，设计成典型 I 型系统。设比例放大倍数为 K_{PW}，则闭环系统的开环传递函数为

$$G_{WK}(s)=\frac{K_{PW}K_W/9.55}{s(T_W s+1)} \tag{5-41}$$

因为控制位置时不允许超调，所以应该在选择调节器放大倍数时使其满足式（5-41）中的参数

$$K_{PW}K_W T_W/9.55 \approx 0.25 \tag{5-42}$$

由电动机动力学方程得到等效惯性环节时间常数

$$T_W=\frac{n_{sd}J}{9.55T_{sd}} \tag{5-43}$$

式中，n_{sd} 为设定的速度；T_{sd} 为设定的电磁转矩。代入式（5-42）得

$$K_{PW}=\frac{9.55^2}{4}\times\frac{T_{sd}}{K_W n_{sd}J} \tag{5-44}$$

实际位置环设计时需要考虑诸多的因素。当已知速度阶跃响应时，根据式（5-44）求出控制器比例增益，而后在实验中对数据做相应调整，从而满足控制要求。按式（5-44）可求得位置环比例放大倍数 K_{PW}=0.738，计算出的数据结果如表 5-3 所示。

表 5-3　位置调节器设计结果及位置环相关参数

名称	参数	名称	参数
一阶等效时间常数	0.014	放大倍数	0.738
环等效放大倍数	200	电机限幅力矩倍数	1.58
限幅转速/（r/min）	2000	转动惯量/(kg・m^2)	3.126×10^{-4}

5.5　串并联机构机电耦合模型仿真分析

串并联机构中各个子模块之间相互协同、配合并且相互制约，以此来实现输出电能和转化机械能的任务。将 5.3 节中的各式按照图 5-5 的方式综合耦联在一起即构成了串并联机构的数学模型，见式（5-19）。不难看出，该模型是一个多变量、非线性、强耦合的复杂机电系统模型，用一般的解析方法是不易求解的。下面通过建立机电耦合模型对串并联机构的动态过程进行仿

真分析研究。

串并联机构机电耦合仿真模型如图 5-11 所示。该仿真模型是根据串并联机构的机电耦合数学模型建立的，包括串并联机构的控制模块、PWM 模块、坐标变换模块、永磁同步电动机模块以及串并联机构 PMSM_mechanics 模块等。其中控制模块采用 $i_d=0$ 的矢量控制方式；永磁同步电动机模块是根据电机的数学模型建立的仿真模块；PMSM_mechanics 模块是根据串并联机构的机械力学运动方程、刚度方程、转矩方程等建立的仿真模块（图 5-12）。

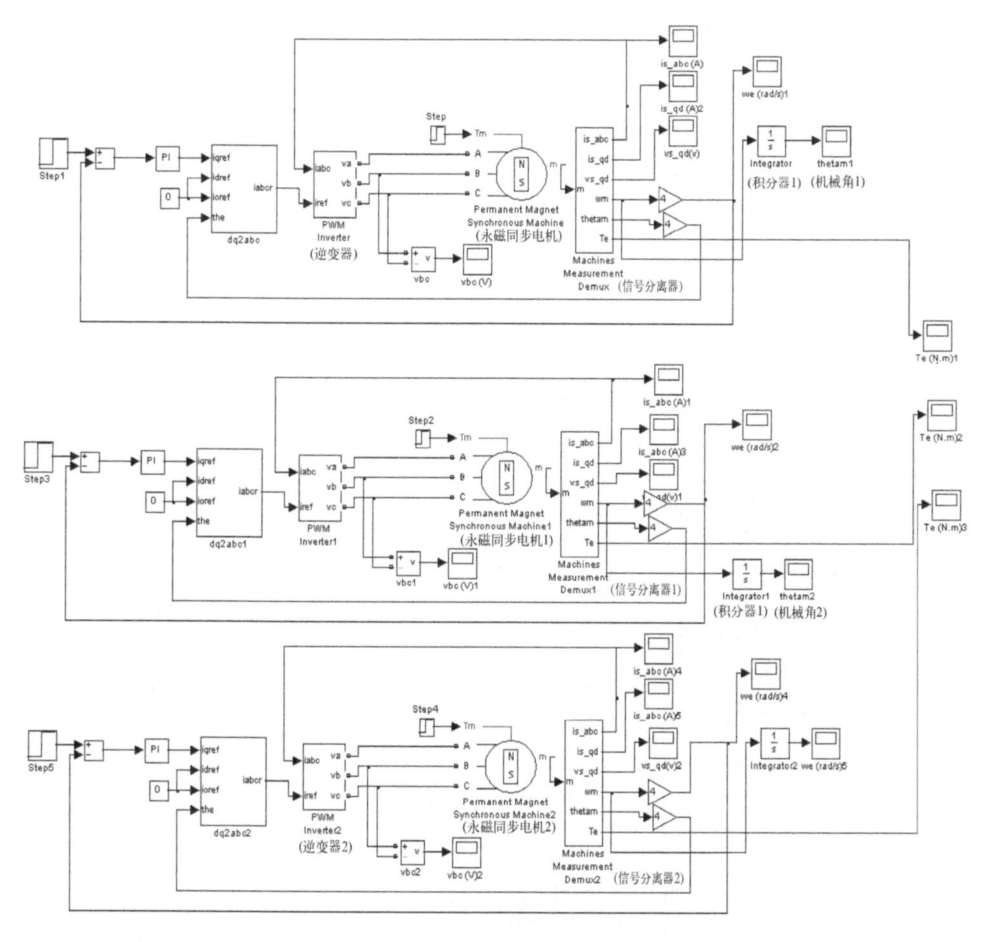

图 5-11 串并联机构机电耦合仿真模型

采用 $i_d=0$ 的矢量控制方式，串并联机构启动时的仿真结果如图 5-13 所示。将阶跃信号模块（即图中的 Step 模块）中的 Step time 设置为 0，运行仿真模型，得系统阶跃响应曲线如图 5-13 所示。

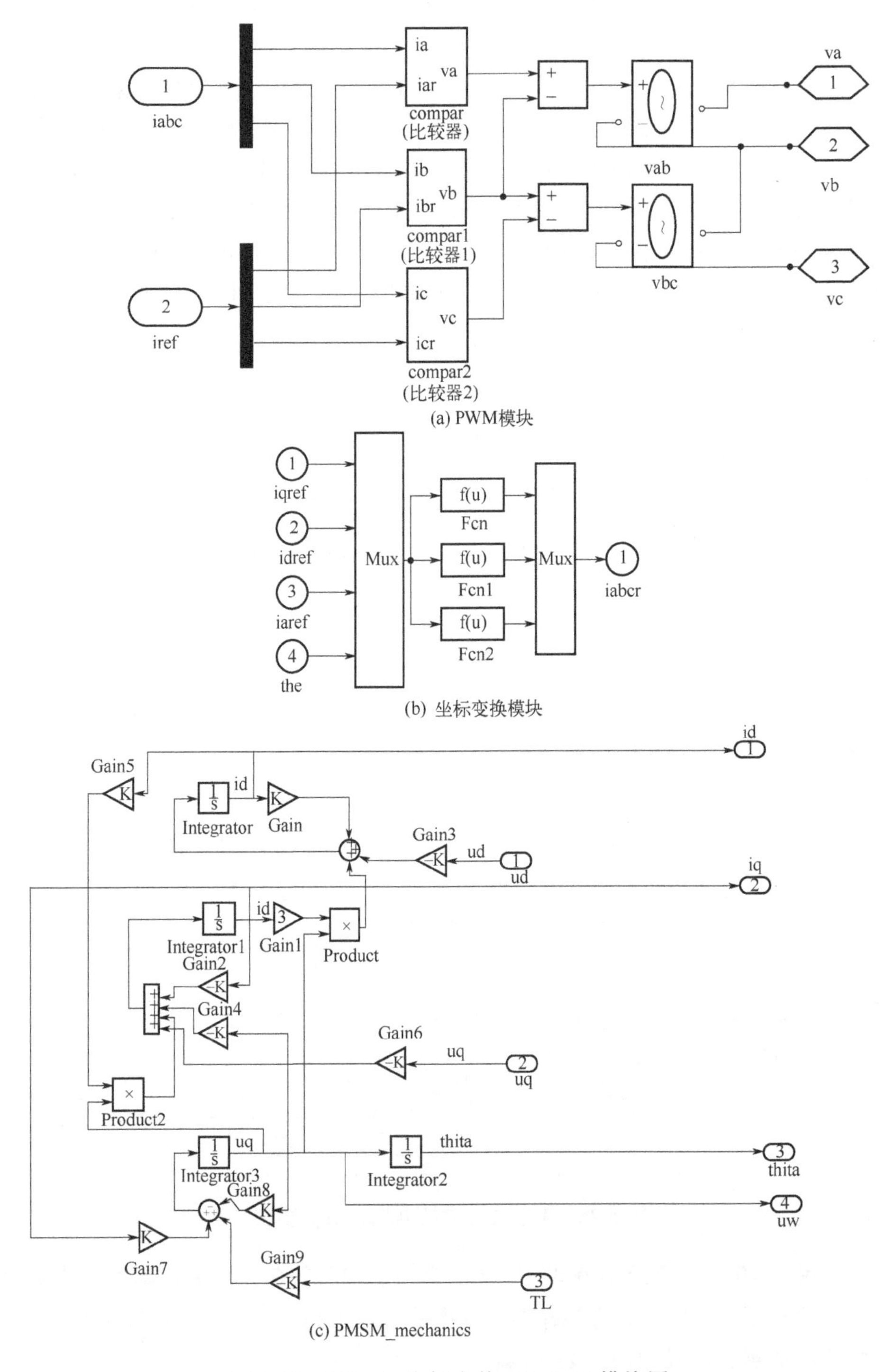

图 5-12　PWM、坐标变换、PMSM 模块图

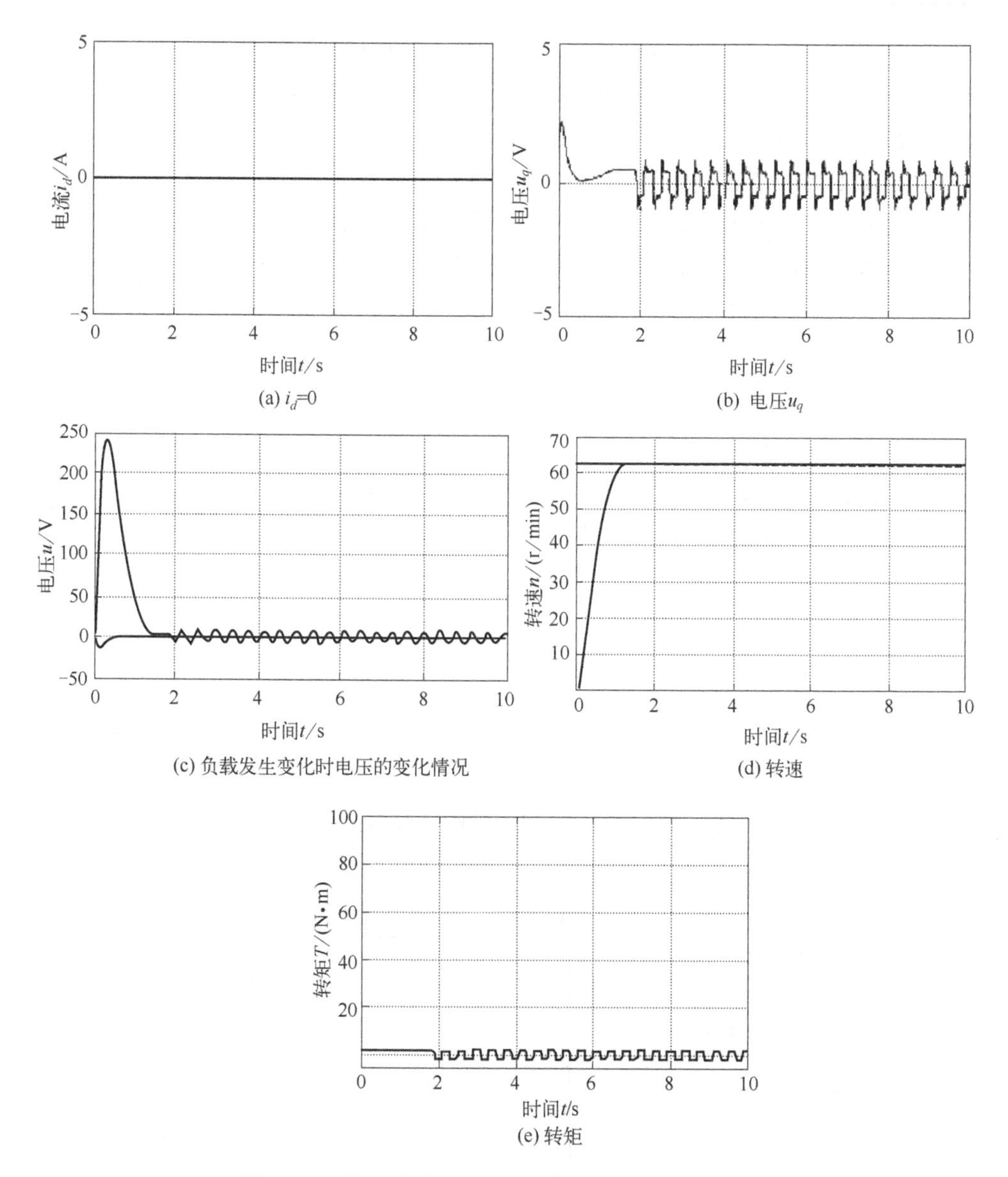

图 5-13　转子电流、电压、转速、转矩变化曲线

5.5.1　耦合对控制器参数影响的仿真分析

从图 5-13 中可以看到，串并联机构的品质特性并不是很好。5.2.3 节中分析了机电耦合参数对伺服系统的影响，下面将对其分析结果以转速环为例做进一步的仿真验证。从 5.2.3 节中不难看出，机械结构参数与控制系统参数间的

机电耦合对系统的影响大致可以分为两大类：①机械结构对控制系统开环截止频率的影响；②机械结构对控制系统扰动的影响，主要表现在传动误差和传动回程误差等扰动影响。

图 5-14 为转速环控制系统框图，在控制系统建模中，控制器 PID 参数的设计是通过对系统频率、机电时间常数优化后计算得出的。那么，机械结构对系统频率、机电时间常数的影响势必会影响 PID 参数的设计。例如，图 5-14 的输入信号为单位阶跃信号，在 $t=1s$ 时从 0 变化到 1。系统响应曲线如图 5-15 所示。

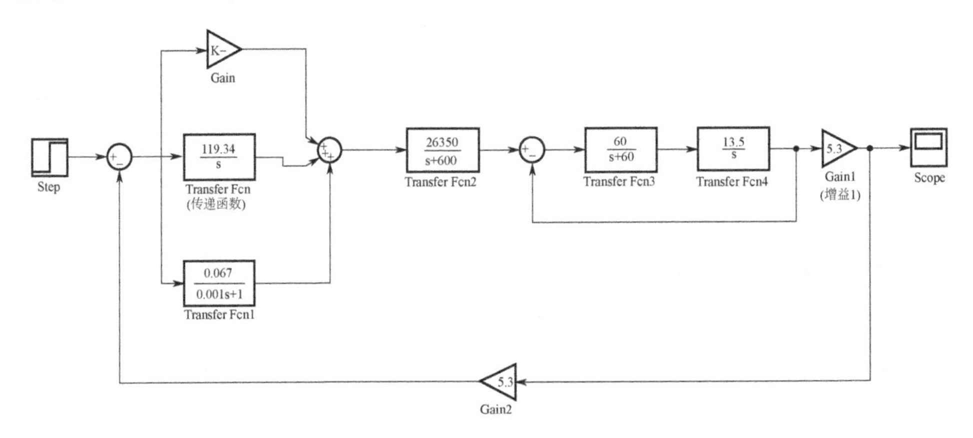

图 5-14 转速环控制系统框图

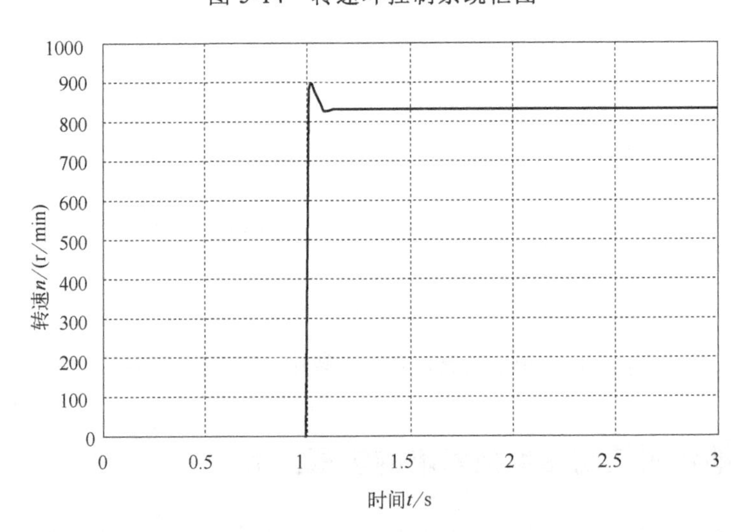

图 5-15 转速环阶跃响应曲线

（1）分析机械结构对比例系数 K_P 控制性能的影响

在 $K_I = 119.34$ 和 $K_D = 0.067$ 保持不变的情况下，K_P 分别取值 0.5、5 和 20，系统的响应曲线如图 5-16 所示。

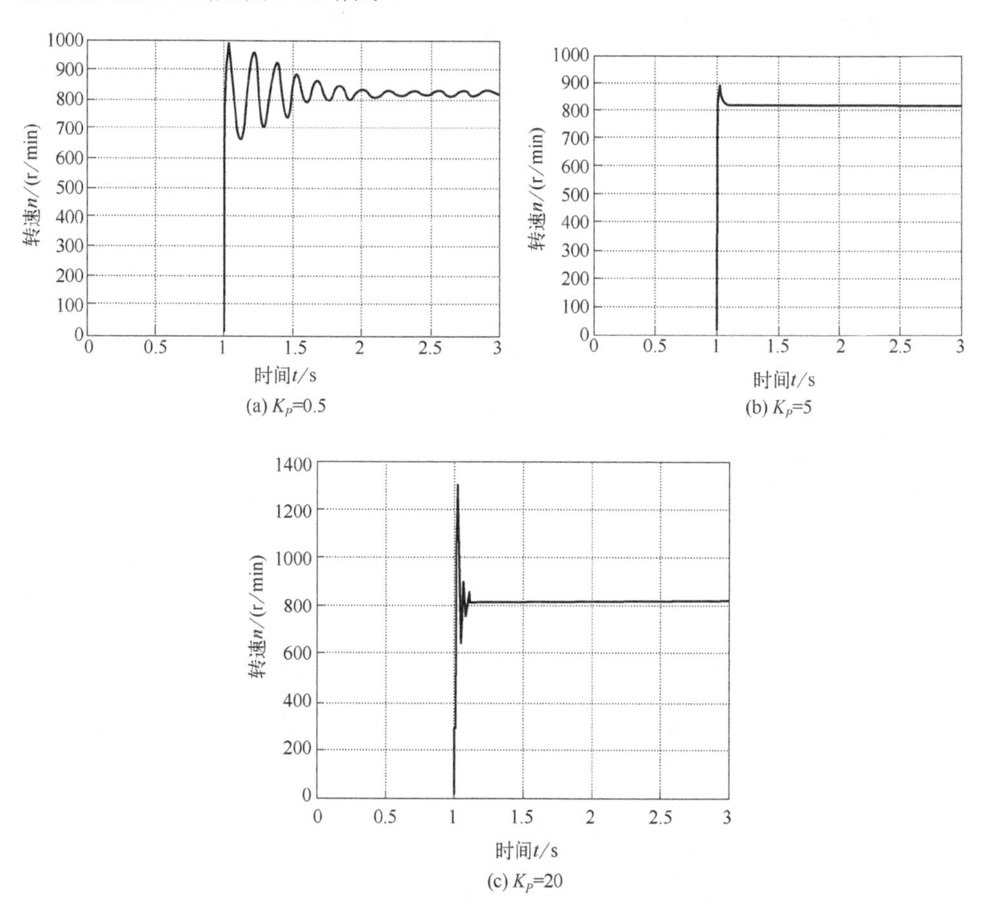

图 5-16　K_P 分别取 0.5、5 和 20 时系统的响应曲线

可见，当 K_P 取值较小时，系统的响应较慢；当 K_P 取值较大时，系统的响应较快，但超调量增加。

（2）分析机械结构对积分系数 K_I 控制性能的影响

在 $K_D = 0.067$ 和 $K_P = 4.4156$ 保持不变的情况下，K_I 分别取值 20、120 和 300，系统响应曲线如图 5-17 所示。

可见，当 K_I 取值较小时，系统的响应进入稳态的速度较慢；当 K_I 取值较大时，系统的响应进入稳态的速度较快，但超调量增加。

（3）分析机械结构对微分系统 K_D 控制性能的影响

在 $K_P = 4.4156$ 和 $K_I = 119.34$ 保持不变的情况下，K_D 分别取值 0.01、0.07 和 0.2，系统的响应曲线如图 5-18 所示。可见，当 K_D 取值较小时，系统的响应对变化趋势的调节较慢，超调量较大；当 K_D 取值较大时，系统的响应进入稳态的速度较快，但是超调量增加；当 K_D 取值过大时，对变化趋势的调节过强，阶跃响应的初期出现尖脉冲。

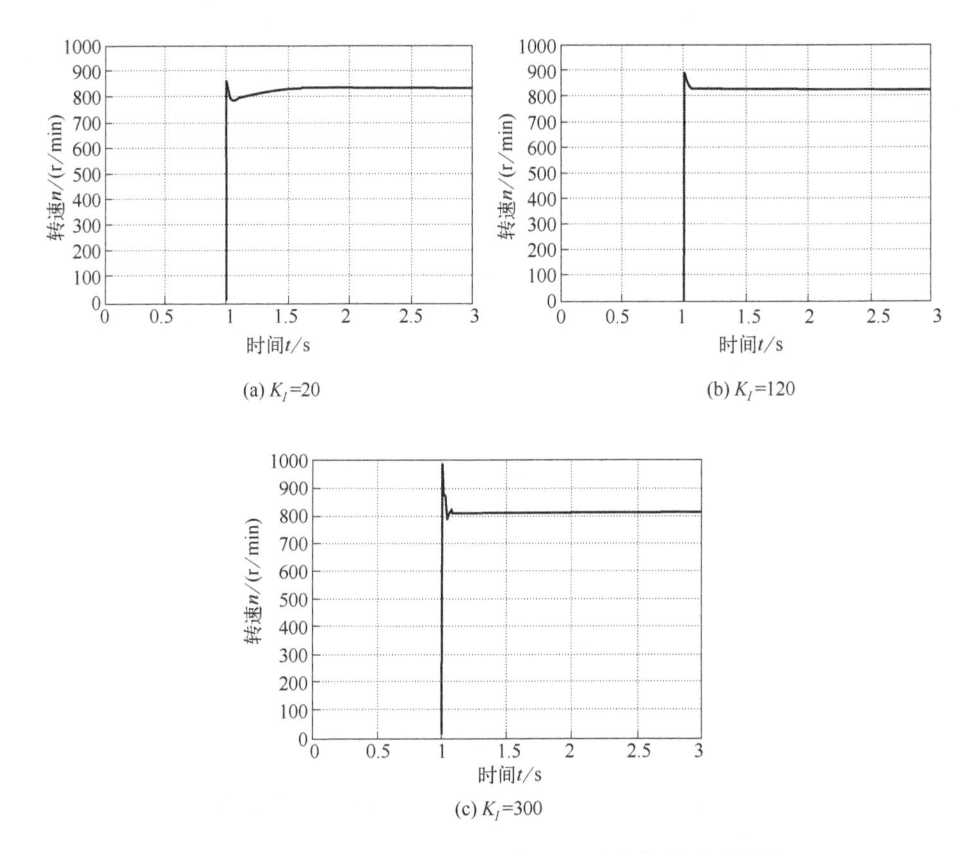

(a) K_I=20　(b) K_I=120　(c) K_I=300

图 5-17　K_I 分别取 20、120 和 300 时系统的响应曲线

5.5.2　扰动对串并联机构系统性能影响的仿真分析

下面分析另一类的耦合参数对系统的影响，对整个串并联机构来说就相当于在它的各个输出轴上叠加了一个干扰信号。以转速环为例，在图 5-19 中令输入模块的信号为 0，信号发生器分别产生 1Hz、10Hz、50Hz 以及 100Hz 的正弦信号（幅值为 0.005V），得到如图 5-20 所示的响应曲线。

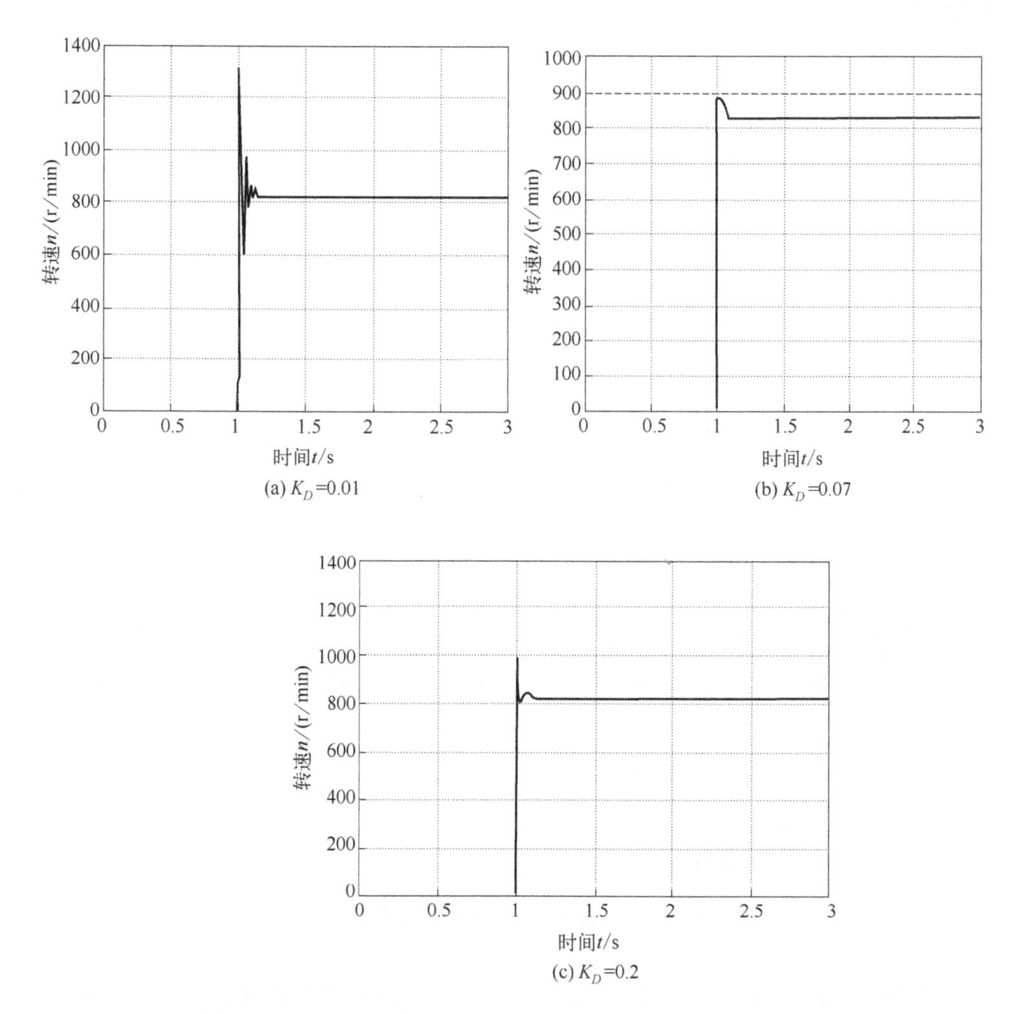

(a) K_D=0.01 (b) K_D=0.07

(c) K_D=0.2

图 5-18 K_D 分别取 0.01、0.07 和 0.2 时系统的响应曲线

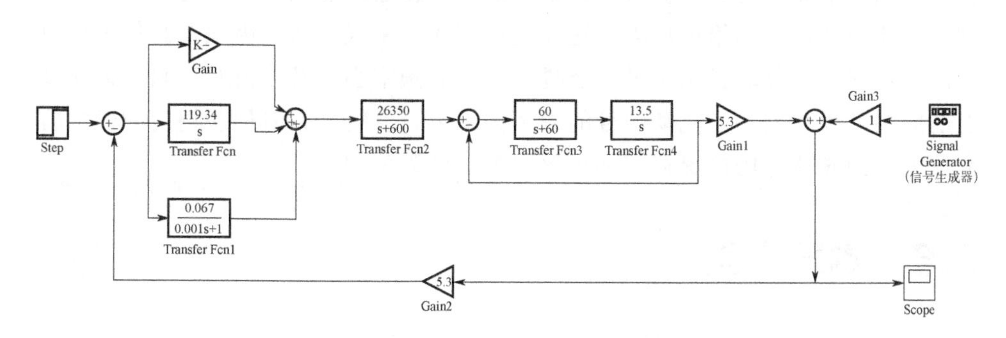

图 5-19 扰动仿真系统模型

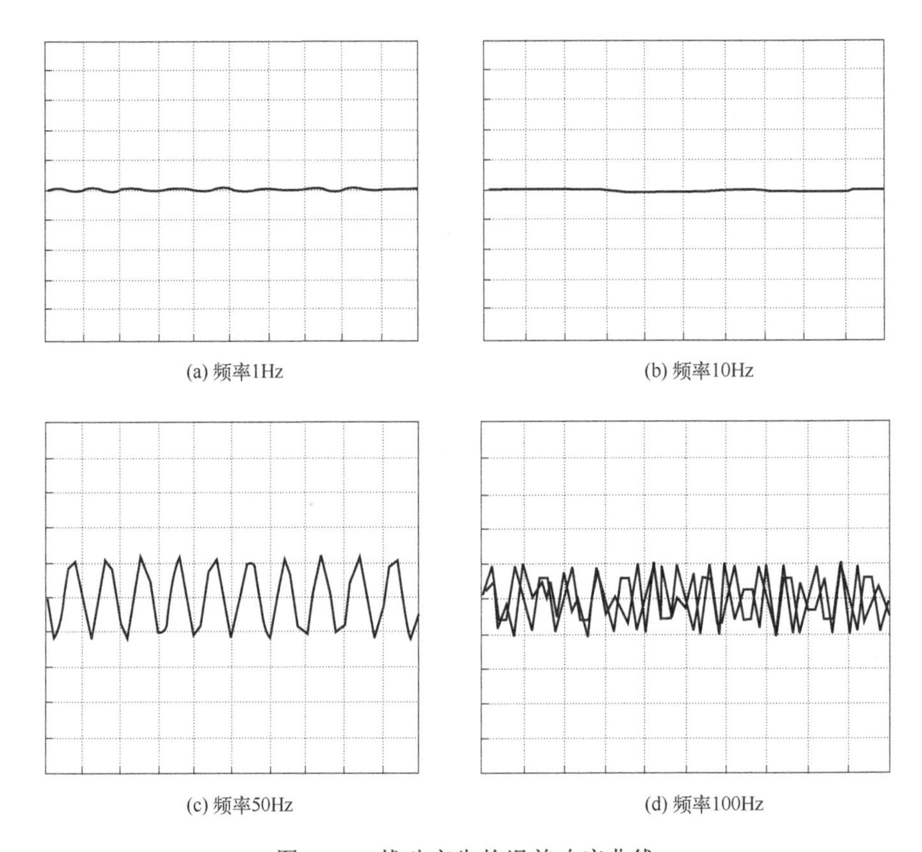

(a) 频率1Hz　　(b) 频率10Hz

(c) 频率50Hz　　(d) 频率100Hz

图 5-20　扰动产生的误差响应曲线

如图 5-20 所示，当扰动频率比某一值小时，扰动几乎不会影响到转速环的精度；当扰动频率比某一值大时，误差映射到转速环的输出，同时又经过反馈回路的比例、积分作用的放大，这样又变相放大了误差值。因此，我们可以总结出：对整个串并联机构来说，当扰动信号的频率小于某一值时，它对伺服精度的影响是很小的；当扰动信号的频率大于某一值时，它对伺服精度的影响将会变大，同时这样的情况在实际工况中是不可避免的。

5.6　本章小结

本章重点阐述了串并联机构机电耦合理论及建模方法，将串并联机构分解为永磁同步电动机系统、传动进给系统、执行系统和控制系统等元器件和若干的子系统。而后，根据各自子模块之间的特性，建立串并联机构机械动力学模型和伺服系统控制模型，通过耦联协同建立串并联机构的数学模型。这种建模方法对于复杂机电系统的耦合建模具有极大的参考价值。建立伺服系统模型后，利用 Matlab/Simulink 对该模型进行了仿真，分析耦合参数对系统的影响，仿真分析也揭示了通过相关参数合理匹配可使系统性能达到最佳效果，这为串并联机构复杂机电系统的参数优化和最优控制等伺服系统设计奠定了基础。

第 6 章 串并联机构耦合控制

6.1 概述

从第 5 章的建模分析可以看到，串并联机构是一个多变量、非线性、强耦合的复杂机电系统。串并联机构控制系统中变量间存在耦合的关系，这些耦合关系并不十分明显，同时又容易受负载扰动的影响，使系统难以取得令人满意的控制效果。

结合第 5 章的分析与建立的模型，本章应用扩展卡尔曼滤波及强跟踪滤波理论设计滤波器进行滤波，以解决扰动对系统的影响问题，实现串并联数控机床伺服进给系统的解耦控制。然后进行仿真分析，验证所用方法的可行性与正确性。

6.2 串并联机构扩展卡尔曼滤波算法设计

目前，对于串并联机构一般以电流环为内环，速度环为外环，从而构成双闭环控制系统。对于串并联机构控制系统，可以测量并且相对容易得到的系统物理量有定子的电压和电流。此时，扩展卡尔曼滤波算法就显示出了较为明显的优越性，它恰恰就是利用了定子电压和电流，通过电动机模型方程计算得到所需的转子位置和速度，从而解决负载扰动和不可避免的工况干扰等耦合对系统控制性能的影响问题。图 6-1 给出了串并联机构扩展卡尔曼滤波系统的框图。

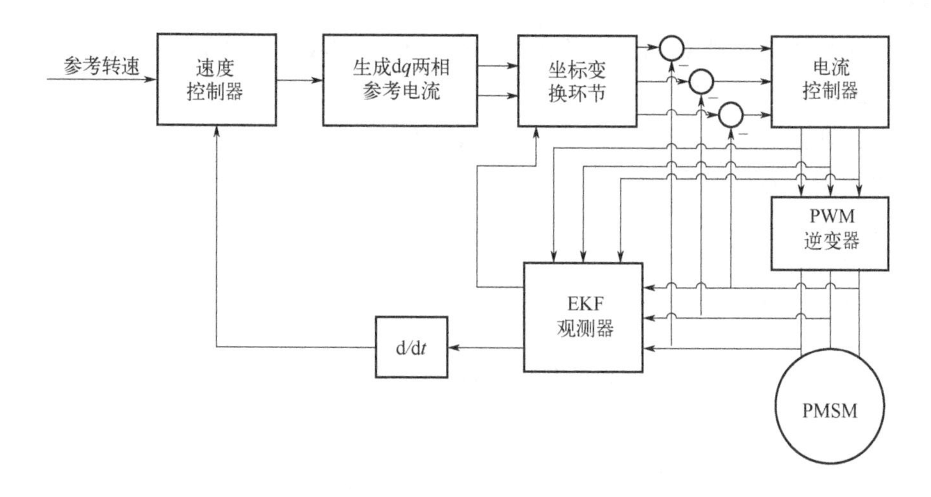

图 6-1　串并联机构扩展卡尔曼滤波系统框图

6.2.1　卡尔曼滤波算法的引入

卡尔曼滤波的基本思想：

① 确定性输入 $\boldsymbol{u}(k)=\boldsymbol{0}$ 时的情况。

假定离散线性随机系统的状态方程和量测方程分别为

$$\begin{cases} \boldsymbol{x}_{k+1}=\boldsymbol{A}_{k+1}\boldsymbol{x}_k+\boldsymbol{\Gamma}_{k+1}\boldsymbol{w}_k \\ \boldsymbol{y}_k=\boldsymbol{C}_k\boldsymbol{x}_k+\boldsymbol{v}_k \end{cases} \tag{6-1}$$

式中，$\{\boldsymbol{w}_k,k\in\boldsymbol{T}\}$，$\{\boldsymbol{v}_k,k\in\boldsymbol{T}\}$（$\boldsymbol{T}=\{t|t=0,1,\cdots\}$）均为正态白噪声序列；$\{\boldsymbol{x}_k,k\in\boldsymbol{T}\}$ 为正态随机过程。噪声序列 $\{\boldsymbol{w}_k\}$、$\{\boldsymbol{v}_k\}$ 为零均值不相关序列，它们之间互不相关，和状态变量初值 $\boldsymbol{x}_0$ 也互不相关。随机变量 $\boldsymbol{x}_0$ 的均值为零，方差为 P_0，即

$$\begin{cases} \overline{\boldsymbol{w}}_k=\overline{\boldsymbol{v}}_k=\boldsymbol{0} \\ \overline{\boldsymbol{x}}_0=\boldsymbol{0} \\ Cov[\boldsymbol{w}_k,\boldsymbol{w}_j]=\boldsymbol{Q}_k\boldsymbol{\delta}_{kj} \\ Cov[\boldsymbol{v}_k,\boldsymbol{v}_j]=\boldsymbol{R}_k\boldsymbol{\delta}_{kj} \\ E[\boldsymbol{x}(0)]=\boldsymbol{x}_0 \\ E\left[\boldsymbol{x}(0)-\boldsymbol{x}_0\right]\left[\boldsymbol{x}(0)-\boldsymbol{x}_0\right]^{\mathrm{T}}=\boldsymbol{P}_0 \\ Cov[\boldsymbol{w}_k,\boldsymbol{v}_j]=Cov[\boldsymbol{w}_k,\boldsymbol{x}_0]=Cov[\boldsymbol{v}_k,\boldsymbol{x}_0]=\boldsymbol{0} \end{cases} \tag{6-2}$$

式中，$Cov[\bullet]$ 为协方差；$E[\bullet]$ 为期望；$\boldsymbol{Q}_k$、$\boldsymbol{R}_k$ 为随机噪声 $\boldsymbol{w}_k$、$\boldsymbol{v}_k$ 的协方差

矩阵；$\boldsymbol{P}_0$为随机变量$\boldsymbol{x}_0$的协方差矩阵；$\boldsymbol{Q}_k\geqslant\boldsymbol{0}$，$\boldsymbol{R}_k>\boldsymbol{0}$，$\boldsymbol{P}_0\geqslant\boldsymbol{0}$；$\bar{\boldsymbol{x}}$、$\bar{\boldsymbol{w}}$、$\bar{\boldsymbol{v}}$为随机变量$\boldsymbol{x}_k$、$\boldsymbol{w}_k$、$\boldsymbol{v}_k$的均值。

经过以上描述，可以列出卡尔曼滤波方程。

预测公式为

$$\hat{\boldsymbol{x}}_{k+1|k}=\boldsymbol{A}_{k+1}\hat{\boldsymbol{x}}_{k|k} \tag{6-3}$$

预测误差的方差为

$$\boldsymbol{P}_{k+1|k}=\boldsymbol{A}_{k+1}\boldsymbol{P}_{k|k}\boldsymbol{A}_{k+1}^{\mathrm{T}}+\boldsymbol{\Gamma}_{k+1}\boldsymbol{Q}_k\boldsymbol{\Gamma}_{k+1}^{\mathrm{T}} \tag{6-4}$$

增益公式为

$$\boldsymbol{K}_{k+1}=\boldsymbol{P}_{k+1|k}\boldsymbol{C}_k^{\mathrm{T}}(\boldsymbol{C}_k\boldsymbol{P}_{k+1|k}\boldsymbol{C}_k^{\mathrm{T}}+\boldsymbol{R}_k)^{-1} \tag{6-5}$$

滤波公式为

$$\hat{\boldsymbol{x}}_{k+1|k+1}=\hat{\boldsymbol{x}}_{k+1|k}+\boldsymbol{K}_{k+1}(\boldsymbol{y}_{k+1}-\boldsymbol{C}_{k+1}\hat{\boldsymbol{x}}_{k+1|k}) \tag{6-6}$$

滤波方差为

$$\boldsymbol{P}_{k+1|k+1}=(\boldsymbol{I}-\boldsymbol{K}_{k+1}\boldsymbol{C}_{k+1})\boldsymbol{P}_{k+1|k} \tag{6-7}$$

式中，$\boldsymbol{K}_k$为k时刻的滤波增益；为使公式简洁，将k时刻的观测矢量$\boldsymbol{y}(k)$记为$\boldsymbol{y}_k$。

② 有确定性输入$\boldsymbol{u}(k)$和确定性误差$\boldsymbol{m}(k)$时的情况。假定离散线性随机系统的状态方程和量测方程分别为

$$\begin{cases}\boldsymbol{x}_{k+1}=\boldsymbol{A}_{k+1}\boldsymbol{x}_k+\boldsymbol{B}_{k+1}\boldsymbol{u}_k+\boldsymbol{\Gamma}_{k+1}\boldsymbol{w}_k\\ \boldsymbol{y}_k=\boldsymbol{C}_k\boldsymbol{x}_k+\boldsymbol{m}_k+\boldsymbol{v}_k\end{cases} \tag{6-8}$$

相应的卡尔曼滤波方程为

$$\hat{\boldsymbol{x}}_{k+1|k}=\boldsymbol{A}_{k+1}\hat{\boldsymbol{x}}_{k|k}+\boldsymbol{B}_{k+1}\boldsymbol{u}_k \tag{6-9}$$

$$\boldsymbol{P}_{k+1|k}=\boldsymbol{A}_{k+1}\boldsymbol{P}_{k|k}\boldsymbol{A}_{k+1}^{\mathrm{T}}+\boldsymbol{\Gamma}_{k+1}\boldsymbol{Q}_k\boldsymbol{\Gamma}_{k+1}^{\mathrm{T}} \tag{6-10}$$

$$\boldsymbol{K}_{k+1}=\boldsymbol{P}_{k+1|k}\boldsymbol{C}_k^{\mathrm{T}}(\boldsymbol{C}_k\boldsymbol{P}_{k+1|k}\boldsymbol{C}_k^{\mathrm{T}}+\boldsymbol{R}_k)^{-1} \tag{6-11}$$

$$\hat{\boldsymbol{x}}_{k+1|k+1}=\hat{\boldsymbol{x}}_{k+1|k}+\boldsymbol{K}_{k+1}(\boldsymbol{y}_{k+1}-\boldsymbol{C}_{k+1}\hat{\boldsymbol{x}}_{k+1|k}) \tag{6-12}$$

$$\boldsymbol{P}_{k+1|k+1}=[\boldsymbol{I}-\boldsymbol{K}_{k+1}\boldsymbol{C}_{k+1}]\boldsymbol{P}_{k+1|k} \tag{6-13}$$

卡尔曼滤波框图如图 6-2 所示。

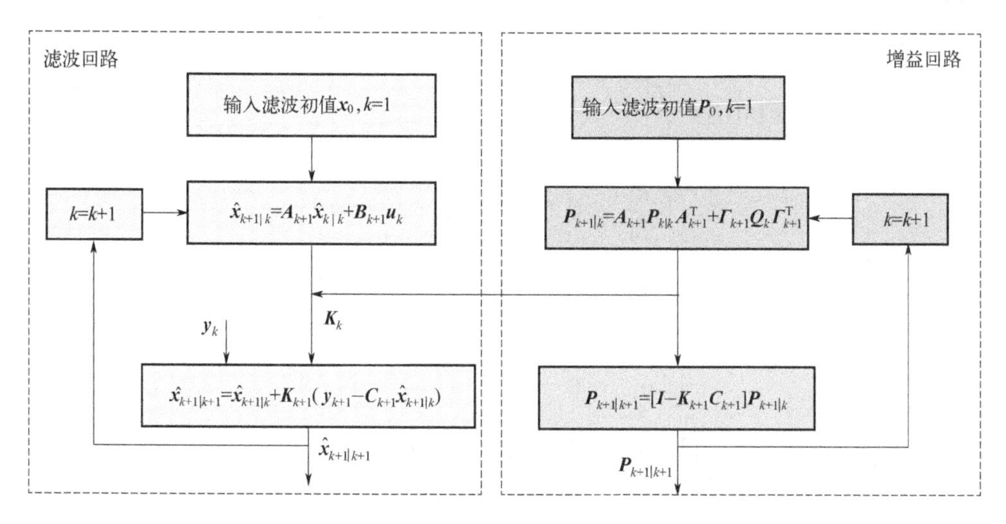

图 6-2　卡尔曼滤波框图

6.2.2　串并联机构扩展卡尔曼滤波设计

电动机非线性系统的一般状态方程为

$$\begin{cases}\dot{\boldsymbol{x}}(t)=\boldsymbol{f}[\boldsymbol{x}(t)]+\boldsymbol{BV}(t)+\boldsymbol{\sigma}(t)\\ \boldsymbol{y}(t_k)=\boldsymbol{h}[\boldsymbol{x}(t_k)]+\boldsymbol{\mu}(t_k)\end{cases} \tag{6-14}$$

而基于静止两相坐标系（α,β）的电压和转矩方程如下

$$\begin{bmatrix}v_\alpha\\ v_\beta\end{bmatrix}=\begin{bmatrix}R_s+L_s & 0\\ 0 & R_s+L_s\end{bmatrix}\begin{bmatrix}i_\alpha\\ i_\beta\end{bmatrix}+\omega\lambda\begin{bmatrix}-\sin\theta\\ \cos\theta\end{bmatrix} \tag{6-15}$$

选取状态变量：$\boldsymbol{x}=\begin{bmatrix}i_\alpha & i_\beta & \omega & \theta\end{bmatrix}^{\mathrm{T}}$

电压矢量：$\boldsymbol{V}=\begin{bmatrix}v_\alpha & v_\beta\end{bmatrix}^{\mathrm{T}}$

输出矢量：$\boldsymbol{y}=\begin{bmatrix}i_\alpha & i_\beta\end{bmatrix}^{\mathrm{T}}$

根据式（6-14）、式（6-15）得

$$\boldsymbol{f}(x)=\begin{bmatrix}f_1\\ f_2\\ f_3\\ f_4\end{bmatrix}=\begin{bmatrix}-\dfrac{R_s}{L_s}i_\alpha+\dfrac{\omega\lambda}{L_s}\sin\theta\\ -\dfrac{R_s}{L_s}i_\beta-\dfrac{\omega\lambda}{L_s}\cos\theta\\ 0\\ \omega\end{bmatrix},\quad \boldsymbol{B}=\begin{bmatrix}\dfrac{1}{L_s} & 0\\ 0 & \dfrac{1}{L_s}\\ 0 & 0\\ 0 & 0\end{bmatrix},\quad \boldsymbol{h}(x)=\begin{bmatrix}i_\alpha\\ i_\beta\end{bmatrix} \tag{6-16}$$

首先，定义雅可比矩阵

$$F[x(t)]=\left.\frac{\partial \boldsymbol{f}}{\partial \boldsymbol{x}}\right|_{\boldsymbol{x}=\boldsymbol{x}(t)}$$

$$=\begin{bmatrix} -\frac{R_s}{L_s} & 0 & \frac{\lambda}{L_s}\sin\theta & \frac{\omega\lambda}{L_s}\cos\theta \\ 0 & -\frac{R_s}{L_s} & -\frac{\lambda}{L_s}\sin\theta & \frac{\omega\lambda}{L_s}\sin\theta \\ 0 & 0 & 0 & 0 \\ 0 & 0 & 1 & 0 \end{bmatrix} \tag{6-17}$$

$\boldsymbol{H}[x(t)]=\left.\frac{\partial \boldsymbol{h}}{\partial \boldsymbol{x}}\right|_{\boldsymbol{x}=\boldsymbol{x}(t)}=\begin{bmatrix} 1 & 0 & 0 & 0 \\ 0 & 1 & 0 & 0 \end{bmatrix}$，且 $\omega=\frac{\mathrm{d}\theta}{\mathrm{d}t}$。

其次，根据式（6-16）将式（6-14）的状态变量和输出变量转化为线性关系，即

$$\delta\dot{\boldsymbol{x}}(t)=\boldsymbol{F}[\boldsymbol{x}(t)]\delta\boldsymbol{x}(t)+\boldsymbol{\sigma}(t) \tag{6-18}$$

$$\boldsymbol{y}(t)=\boldsymbol{H}[\boldsymbol{x}(t)]+\boldsymbol{\mu}(t) \tag{6-19}$$

将式（6-18）离散化后得

$$\delta\boldsymbol{x}(t_k)=\boldsymbol{\phi}[t_k,t_{k-1},\boldsymbol{x}(t_{k-1})]\delta\boldsymbol{x}(t_{k-1})+\boldsymbol{v}(t_{k-1}) \tag{6-20}$$

这里，将$\boldsymbol{\phi}$近似后得

$$\boldsymbol{\phi}[t_k,t_{k-1},\boldsymbol{x}(t_{k-1})]\approx\boldsymbol{I}+\boldsymbol{F}T_c=\begin{bmatrix} 1-\frac{R_s}{L_s}T_c & 0 & 0 & -\frac{R_s\lambda}{L_s}\sin(\hat{\theta}(k))T_c \\ 0 & 1-\frac{R_s}{L_s}T_c & 0 & \frac{R_s\lambda}{L_s}\cos(\hat{\theta}(k))T_c \\ 0 & 0 & 1 & 0 \\ 0 & 0 & T_c & 1 \end{bmatrix} \tag{6-21}$$

$\boldsymbol{\sigma}(t)$的离散值为

$$\boldsymbol{v}(t_k)=\int_{t_k}^{t_{k+1}}\boldsymbol{\phi}[t_{k+1},s,\boldsymbol{x}(s)]\boldsymbol{\sigma}(s)\mathrm{d}s \tag{6-22}$$

$\boldsymbol{v}(t_k)$的协方差为

$$\boldsymbol{Q}_d(t_k)=\int_{t_k}^{t_{k+1}}\boldsymbol{\phi}[t_{k+1},s,\boldsymbol{x}(s)]\boldsymbol{Q}(s)\boldsymbol{\phi}'[t_{k+1},s,\boldsymbol{x}(s)]\mathrm{d}s \tag{6-23}$$

扩展卡尔曼滤波（EKF）的实现步骤如下。

第一步：预估计，即

$$\hat{\boldsymbol{x}}_{k+1|k}=\hat{\boldsymbol{x}}_{k|k}+\left[\boldsymbol{f}(\hat{\boldsymbol{x}}_{k+1|k})+\boldsymbol{B}(\boldsymbol{v}_k)\right]T_c \tag{6-24}$$

计算

$$\boldsymbol{P}_{k+1|k}=\boldsymbol{P}_{k|k}+(\boldsymbol{F}_k\boldsymbol{P}_{k|k}+\boldsymbol{P}_{k|k}\boldsymbol{F}_k')T_c+\boldsymbol{Q}_d \tag{6-25}$$

第二步：计算增益矩阵，即

$$\boldsymbol{K}_{k+1}=\boldsymbol{P}_{k+1|k}\boldsymbol{H}'(\boldsymbol{H}\boldsymbol{P}_{k+1|k}\boldsymbol{H}'+\boldsymbol{R})^{-1} \tag{6-26}$$

第三步：更新状态，即

$$\hat{\boldsymbol{x}}_{k+1|k+1}=\hat{\boldsymbol{x}}_{k+1|k}+\boldsymbol{K}_{k+1}(\boldsymbol{y}_{k+1}-\boldsymbol{H}\hat{\boldsymbol{x}}_{k+1|k}) \tag{6-27}$$

$$\boldsymbol{P}_{k+1|k+1}=\boldsymbol{P}_{k+1|k}-\boldsymbol{K}_{k+1}\boldsymbol{H}\boldsymbol{P}_{k+1|k} \tag{6-28}$$

扩展卡尔曼滤波算法程序流程图如图 6-3 所示。

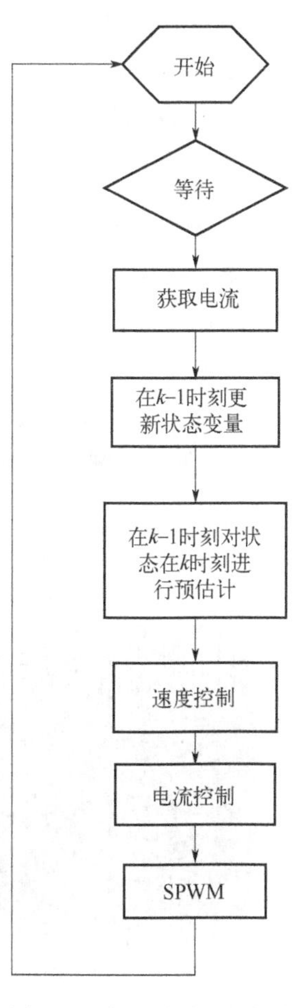

图 6-3　扩展卡尔曼滤波算法程序流程图

6.2.3　仿真性能分析

根据图 6-3 所示的扩展卡尔曼滤波算法程序流程图编写位移测量信号滤波程序，采用图 5-11 所示仿真系统及前面设计的调节器，在量测噪声为 0、均值方差为 0.2 的随机白噪声和幅值为 0.2 的工频正弦干扰共同作用下，对卡尔曼滤波算法程序流程进行仿真分析。系统的动态噪声如图 6-4（c）所示，由系统的非线性环节和未建模动态产生；系统中的确定性误差用来近似描述工作现场中的工频干扰；系统的量测干扰噪声如图 6-4（d）所示，采用零均值的随机白噪声进行描述。当输入为图 6-4（a）所示的正弦响应曲线，且系统未经卡尔曼滤波时，其输出的响应曲线如图 6-4（b）所示，不难看出系统的输出有较大的干扰存在，这样的响应结果是很难让人满意的。图 6-4（e）所示为经卡尔曼滤波后的系统输出的响应曲线，其干扰较图 6-4（b）是明显减小的。图 6-4（f）所示的协方差曲线也恰恰说明了卡尔曼滤波能够有效滤除干扰，达到控制效果。

针对串并联机构各串联轴和并联轴承受的负载、杆间耦合作用具有非线性、时变性和不确定性特点，采用扩展卡尔曼滤波（EKF）算法降低耦合对串并联机构的影响。为了更好地分析研究问题，本节将负载和杆间耦合作用看作是加在电动机上的扰动，并进行量化分析，电动机参数见表 6-1。图 6-5 为应用扩展卡尔曼滤波后各变量所表现出的控制性能，根据电流、转速和位置的跟踪结果可以看出，设计的扩展卡尔曼滤波器确实改善了控制系统的性能。

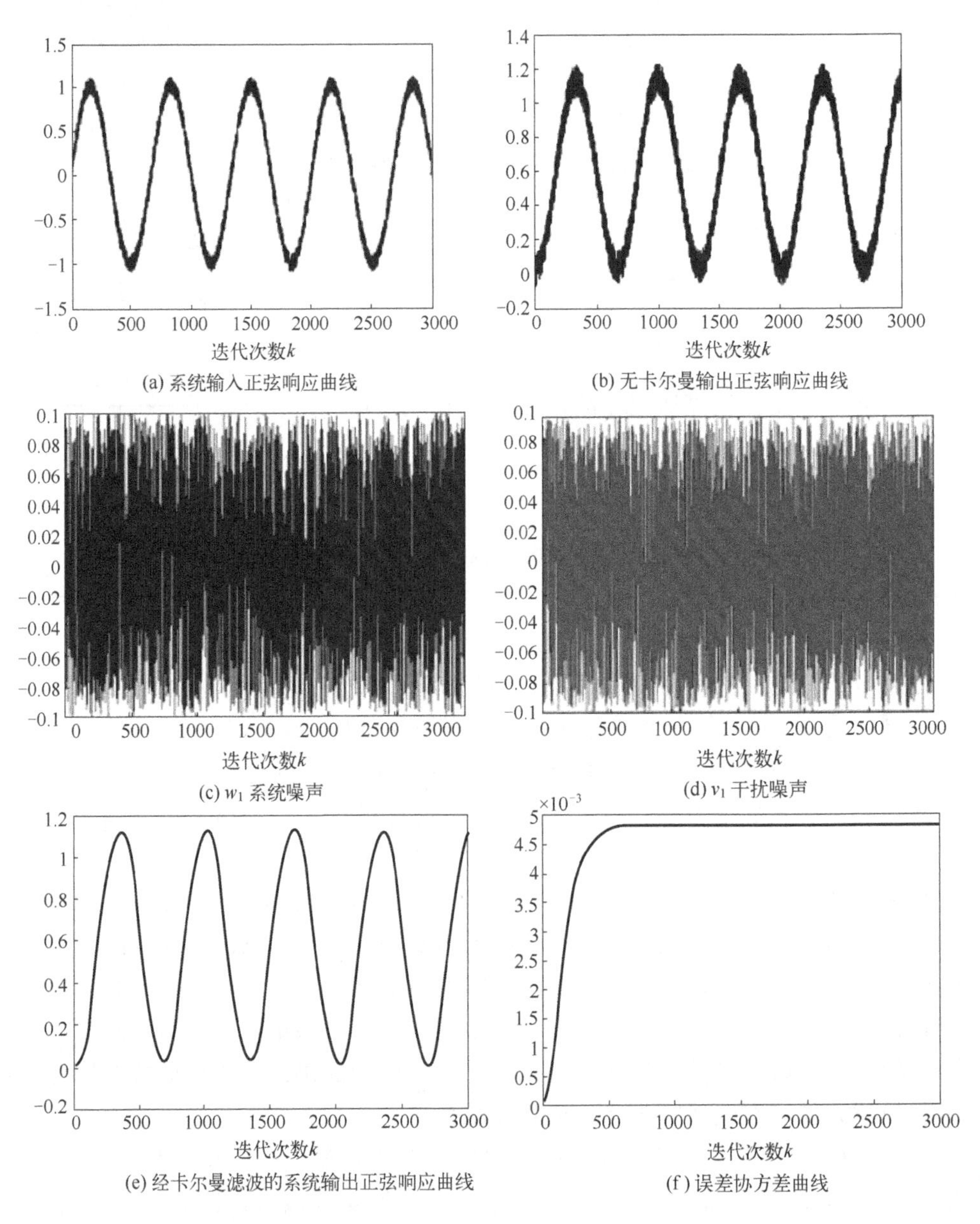

图 6-4 扩展卡尔曼滤波正弦响应仿真结果

表 6-1　电动机参数

T	3.8N・m
P	4
R_s	1.9 Ω
L_s	3mH
λ	0.1V・s

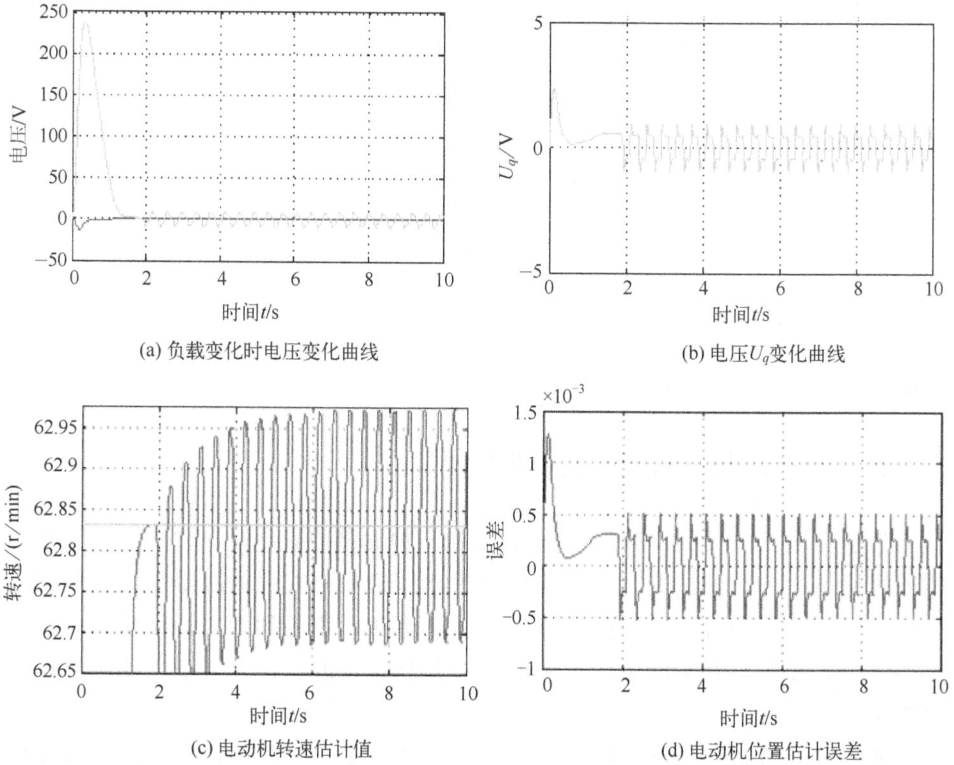

(a) 负载变化时电压变化曲线

(b) 电压U_q变化曲线

(c) 电动机转速估计值

(d) 电动机位置估计误差

图 6-5　经卡尔曼滤波后伺服系统仿真结果

6.3　串并联机构强跟踪滤波算法设计

6.3.1　强跟踪滤波算法的引入

在上一节的讨论可知，如果想使扩展卡尔曼滤波算法获得比较准确的状态

估计值 $\hat{\boldsymbol{x}}_{k+1|k+1}$，系统模型就要有足够的精度，并且初值 $\hat{\boldsymbol{x}}_{0|0}$ 和 $\boldsymbol{P}_{0|0}$ 选择也要非常得当。然而，在工程实际情况中，系统模型都具有一定的不确定性，即建立的模型与其实际的非线性系统不能够完全匹配。造成模型不匹配的主要原因有：

① 过于简化的模型。对于串并联机构，若想要精确描述其动作行为，通常需要多变量多维数的矩阵，甚至是无穷维数的。此时，想要构造系统状态矩阵是非常困难的。

② 不准确的噪声特性统计。

③ 不准确的初始状态的特性统计。

④ 时变的实际系统的参数。串并联机构出现部件老化、损坏等，也会使系统的参数发生变动，造成模型不匹配的情况。

此外，需要指出的是 EKF 在伺服系统达到稳定运行状态时，就会丧失对突变状态的跟踪能力。因此，从这个意义上讲，EKF 滤波器是一种开环滤波器。

综合以上的论述，EKF 算法在不确定性的模型上的跟踪效果较差，易造成伺服系统状态估计不准确甚至发散等现象。

6.3.2 串并联机构强跟踪滤波设计

为了克服 EKF 算法存在的不足，需要一种性能更优越的滤波器，它应具有如下的优越性：该滤波器对于不确定性的模型仍具有较强的跟踪能力，同时在突变或者缓变状态时具有较强的鲁棒性，甚至在系统达到稳定运行状态时，仍能够保持对缓变与突变状态的跟踪能力，并且该滤波器计算复杂性要适中，方便快速计算。

强跟踪滤波器（STF）具有上述所有优良特性。下面讨论强跟踪滤波器的设计。

（1）两个有用定理的引入

定理 1（正交性原理）：成为强跟踪滤波器的一个充分条件是在线选择一个适当的时变增益阵 $\boldsymbol{K}_{k+1}$，使得

a.
$$E\left[\boldsymbol{x}_{k+1}-\hat{\boldsymbol{x}}_{k+1|k+1}\right]\left[\boldsymbol{x}_{k+1}-\hat{\boldsymbol{x}}_{k+1|k+1}\right]^{\mathrm{T}}=\min \tag{6-29}$$

b.
$$E\left[\boldsymbol{\gamma}_{k+1+j}\boldsymbol{\gamma}_{k+1}^{\mathrm{T}}\right]=0 \quad k=0,1,2,\cdots \tag{6-30}$$

其中，a 实际上就是 EKF 算法的性能指标；b 是不同时刻的残差序列处处保持相互正交，这也正是正交性原理这一名称的由来。

定理 2：令 $\boldsymbol{\varepsilon}_k=\boldsymbol{x}_k-\hat{\boldsymbol{x}}_{k|k}$，其中，$\hat{\boldsymbol{x}}_{k|k}$ 为由强跟踪滤波得到的状态估计值。若 $\boldsymbol{O}\left[|\boldsymbol{\varepsilon}_k|^2\right]=\boldsymbol{O}\left[|\boldsymbol{\varepsilon}_k|\right]$ 成立，就有下式成立

$$E\left[\boldsymbol{\gamma}_{k+1+j}\boldsymbol{\gamma}_{k+1}^{\mathrm{T}}\right]\approx\boldsymbol{H}_{k+1+j|k+j}\boldsymbol{F}_{k+j|k+j}[\boldsymbol{I}-\boldsymbol{K}_{k+j}\boldsymbol{H}_{k+j|k+j-1}]\cdots\boldsymbol{F}_{k+2|k+2}[\boldsymbol{I}-\boldsymbol{K}_{k+2}\boldsymbol{H}_{k+2|k+1}]\bullet$$
$$\boldsymbol{F}_{k+1|k+1}[\boldsymbol{P}_{k+1|k}\boldsymbol{H}_{k+1|k}^{\mathrm{T}}-\boldsymbol{K}_{k+1}\boldsymbol{V}_{k+1}]\quad j=1,2,\cdots \tag{6-31}$$

（2）次优渐消因子的确定

为了使滤波器具有强跟踪的优良性能，利用时变渐消因子抵消对过去数据的依赖，减弱其对当前时刻滤波值的影响。为此，将扩展卡尔曼滤波器中的协方差矩阵修改为

$$\boldsymbol{P}_{k+1|k}=\lambda_{k+1}\boldsymbol{F}_{k|k}\boldsymbol{P}_{k|k}\boldsymbol{F}_{k|k}^{\mathrm{T}}+\boldsymbol{B}_k\boldsymbol{Q}_k\boldsymbol{B}_k^{\mathrm{T}} \tag{6-32}$$

式中，$\lambda_{k+1}\geqslant 1$ 为时变的渐消因子。这里，采用次优的算法来求取 λ_{k+1}，以更新算法的实时性。

对于次优渐消因子 λ_{k+1}，可以由下式得到

$$\lambda_{k+1}=\begin{cases}\lambda_0 & \lambda_0\geqslant 1\\ 1 & \lambda_0<1\end{cases} \tag{6-33}$$

其中

$$\lambda_0=\frac{\mathrm{tr}\left[\boldsymbol{N}_{k+1}\right]}{\mathrm{tr}\left[\boldsymbol{M}_{k+1}\right]} \tag{6-34}$$

式中，$\mathrm{tr}[\bullet]$表示矩阵的迹。

$$\boldsymbol{N}_{k+1}=\boldsymbol{V}_{k+1}-\boldsymbol{H}_{k+1|k}\boldsymbol{B}_k\boldsymbol{Q}_k\boldsymbol{B}_k^{\mathrm{T}}\boldsymbol{H}_{k+1|k}^{\mathrm{T}}-\beta\boldsymbol{R}_{k+1} \tag{6-35}$$

$$\boldsymbol{M}_{k+1}=\boldsymbol{H}_{k+1|k}\boldsymbol{F}_{k|k}\boldsymbol{P}_{k|k}\boldsymbol{F}_{k|k}^{\mathrm{T}}\boldsymbol{H}_{k+1|k}^{\mathrm{T}} \tag{6-36}$$

这里，$\beta\geqslant 1$ 为一个选定的弱化因子，目的是平滑状态估计值，它是凭借经验来选择的。残差的协方差矩阵 $\boldsymbol{V}_{k+1}$ 可以由下式得到

$$\boldsymbol{V}_{k+1}=\begin{cases}\boldsymbol{\gamma}_1\boldsymbol{\gamma}_1^{\mathrm{T}} & k=1\\ \dfrac{\rho\boldsymbol{V}_k+\boldsymbol{\gamma}_{k+1}\boldsymbol{\gamma}_{k+1}^{\mathrm{T}}}{1+\rho} & k>1\end{cases} \tag{6-37}$$

式中，$0<\rho\leqslant 1$ 为遗忘因子，通常取 $\rho=0.95$。$\gamma(1)$ 为残差的初值。

残差为

$$\boldsymbol{\gamma}_{k+1} = \boldsymbol{y}_{k+1} - \boldsymbol{h}_{k+1|k} \tag{6-38}$$

（3）强跟踪滤波算法的计算步骤

第一步：令 $k=0$ 选择初始值 $\hat{\boldsymbol{x}}_{0|0}$、$\boldsymbol{P}_{0|0}$。同时，根据经验选择一个合适的弱化因子 β。

第二步：由式（6-24）计算出 $\hat{\boldsymbol{x}}_{k+1|k}$；再由式（6-38）计算出 $\boldsymbol{\gamma}_{k+1}$；而后由式（6-37）计算出 $\boldsymbol{V}_{k+1}$；最后再由式（6-33）～式（6-37）计算出 $\boldsymbol{\lambda}_{k+1}$。

第三步：由式（6-32）计算出 $\boldsymbol{P}_{k+1|k}$，由式（6-26）计算出 $\boldsymbol{K}_{k+1}$，由式（6-27）最终得到状态估计值 $\hat{\boldsymbol{x}}_{k+1|k+1}$。

第四步：由式（6-28）得 $\boldsymbol{P}_{k+1|k+1}$，$k+1 \to k$，转向第二步，继续循环。

6.3.3 性能仿真分析

根据强跟踪滤波算法步骤，对串并联强跟踪滤波控制算法进行仿真分析。系统的动态噪声见图 6-6（a），噪声由系统的非线性环节和未建模环节动态产生；系统中的确定性误差用来近似描述工作现场中的工频干扰；系统的量测噪声见图 6-6（b），这里采用零均值的随机白噪声进行描述。图 6-7 和图 6-8 给出了串并联机构分别经扩张卡尔曼滤波和强跟踪滤波两种方法的仿真情况和对比数据。

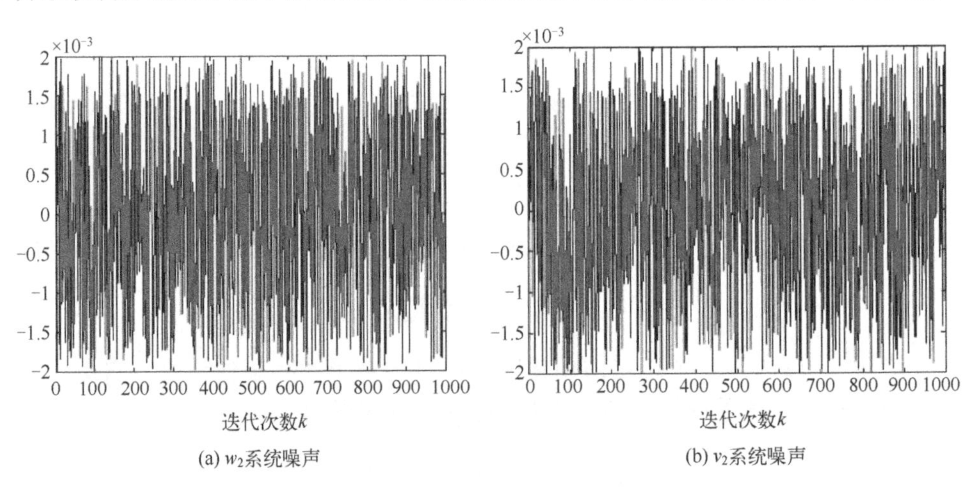

图 6-6　串并联机构噪声情况

通过仿真分析可知，扩展卡尔曼滤波（EKF）和强跟踪滤波（STF）均可以完成对串并联机构的控制。但相比较扩展卡尔曼滤波（EKF），强跟踪滤波算法在跟踪性能、消除耦合对串并联机构伺服系统的影响等方面均体现出了较为优越的性能。

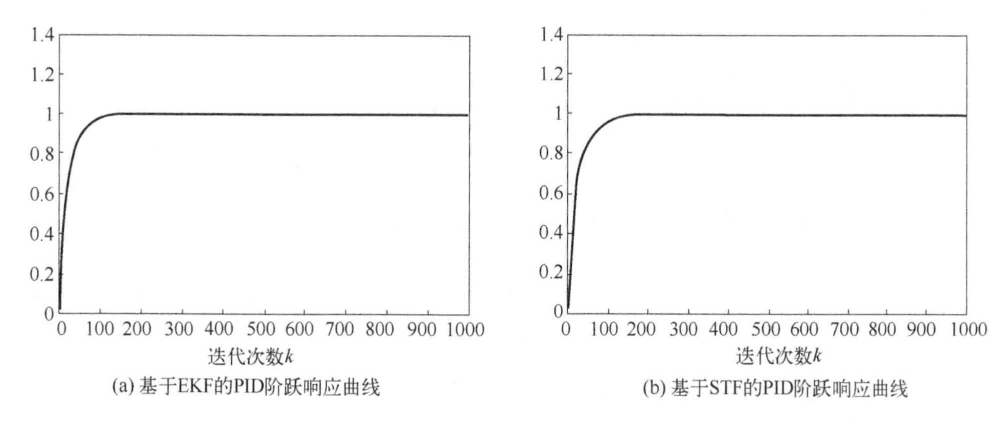

(a) 基于EKF的PID阶跃响应曲线

(b) 基于STF的PID阶跃响应曲线

图 6-7 EKF 和 STF 两种算法的阶跃响应曲线对比图

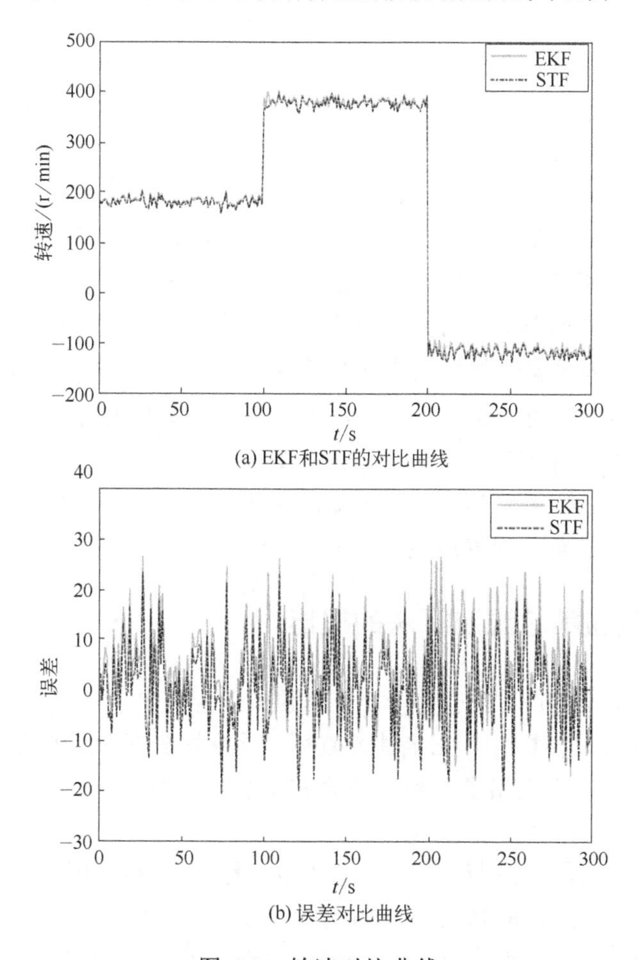

(a) EKF和STF的对比曲线

(b) 误差对比曲线

图 6-8 转速对比曲线

6.4 串并联机构新型强跟踪滤波算法设计

6.4.1 强跟踪滤波算法机理分析及存在的问题

当建立的复杂非线性系统模型出现建模不够准确或者受到噪声干扰等问题时，若滤波器中的旧滤波值对非线性系统的作用仍远大于新滤波值的作用，滤波器就会无法跟踪新的变化，这很容易引起滤波发散。时变次优渐消因子矩阵的引入就是为了当非线性系统模型建立不准确或出现干扰时，可以及时增大新的观测值对系统的表征，抵消旧观测值对系统的影响，使 STF 算法具有对不准确模型的鲁棒性，又具有极强的快速跟踪估计状态的能力。在 STF 算法中引入多重时变次优渐消因子矩阵 $\boldsymbol{\lambda}_{k+1}=\operatorname{diag}\left\{\lambda_{1|k+1},\lambda_{2|k+1},\cdots,\lambda_{n|k+1}\right\}$，当系统突变时，残差矩阵 $\boldsymbol{\gamma}_{k+1}$ 增大，引进的时变次优渐消因子矩阵 $\boldsymbol{\lambda}_{k+1}$ 作用在误差协方差矩阵上，改善其性能，使状态估计 $\hat{\boldsymbol{x}}_{k+1}$ 更准确。

但这也可能会导致一些问题的出现。考虑在求解 STF 算法的协方差矩阵时，已知误差协方差矩阵 $\boldsymbol{P}_{k|k}$、噪声协方差矩阵 $\boldsymbol{Q}_k$、系统雅可比矩阵 $\boldsymbol{F}_{k|k}$ 和 $\boldsymbol{F}_{k|k}^{\mathrm{T}}$ 均为对称正定矩阵，由简单算例可知，公式中的矩阵 $\boldsymbol{F}_{k|k}\boldsymbol{P}_{k|k}\boldsymbol{F}_{k|k}^{\mathrm{T}}$ 相乘后也是对称正定的。然而当再左乘时变次优渐消因子矩阵 $\boldsymbol{\lambda}_{k+1}$ 后，所得的 $\boldsymbol{P}_{k+1|k}$ 未必是对称矩阵，例如当 $\boldsymbol{\lambda}_{k+1}$ 矩阵中对角元素不相等时，误差协方差矩阵 $\boldsymbol{P}_{k+1|k}$ 就不满足对称性，这会导致算法在进行更新误差协方差矩阵 $\boldsymbol{P}_{k+1|k+1}$ 时，再左乘 $\left(\boldsymbol{I}-\boldsymbol{K}_{k+1}\boldsymbol{H}_{k+1|k}\right)$ 矩阵时仍然是不对称的。一旦误差协方差矩阵失去对称正定性，将会造成状态估计偏差越来越大，甚至出现发散现象。

6.4.2 对称强跟踪滤波算法的提出

为了保留原有 STF 算法中 $\boldsymbol{\lambda}_{k+1}$ 矩阵对协方差矩阵 $\boldsymbol{P}_{k+1|k}$、$\boldsymbol{P}_{k+1|k+1}$ 的实时调整，同时能避免引入 $\boldsymbol{\lambda}_{k+1}$ 对 $\boldsymbol{P}_{k+1|k+1}$ 正定性的破坏，导致算法不稳定的问题，本书在原有 STF 算法基础上，提出了一种改进的 STF 算法。将式（6-32）代入式（6-28）中，得到

$$\boldsymbol{P}_{k+1|k+1}=[\boldsymbol{I}-\boldsymbol{K}_{k+1}\boldsymbol{H}_{k+1|k}]\boldsymbol{\lambda}_{k+1}\boldsymbol{F}_{k|k}\boldsymbol{P}_{k|k}\boldsymbol{F}_{k|k}^{\mathrm{T}}+\boldsymbol{B}_k\boldsymbol{Q}_k\boldsymbol{B}_k^{\mathrm{T}} \tag{6-39}$$

根据上一节对 STF 算法存在问题的分析，导致误差协方差矩阵丧失对称正定性的原因主要是 $[\boldsymbol{I}-\boldsymbol{K}_{k+1}\boldsymbol{H}_{k+1|k}]\boldsymbol{\lambda}_{k+1}$ 矩阵。为了更方便地说明问题，设 $[\boldsymbol{I}-\boldsymbol{K}_{k+1}\boldsymbol{H}_{k+1|k}]\boldsymbol{\lambda}_{k+1}=\boldsymbol{\Delta}$，式（6-39）可以写为

$$P_{k+1|k+1} = \Delta F_{k|k} P_{k|k} F_{k|k}^{\mathrm{T}} + B_k Q_k B_k^{\mathrm{T}} \tag{6-40}$$

为了保留原有 STF 算法对协方差矩阵 $P_{k+1|k+1}$ 和增益矩阵 K_{k+1} 的实时调整，同时 λ_{k+1} 又不影响 $P_{k+1|k+1}$ 的对称性，首先，利用方根滤波的思想，矩阵 Δ 可分解为

$$\Delta = \tilde{\Delta}\tilde{\Delta}^{\mathrm{T}} \tag{6-41}$$

式中，$\tilde{\Delta} = \left\{\sqrt{\Delta_1}, \sqrt{\Delta_2}, \cdots, \sqrt{\Delta_n}\right\}$。

而后，为了保证在每一步的迭代过程中误差协方差矩阵 $P_{k+1|k+1}$ 都能是正定对称的，修改更新误差协方差矩阵为

$$P_{k+1|k+1} = \tilde{\Delta} F_{k|k} P_{k|k} F_{k|k}^{\mathrm{T}} \tilde{\Delta}^{\mathrm{T}} + B_k Q_k B_k^{\mathrm{T}} \tag{6-42}$$

这样，对称强跟踪滤波算法在每一步的迭代过程中，时变次优渐消因子 λ_{k+1} 通过适当的作用方式修正误差协方差矩阵 $P_{k+1|k+1}$，如式（6-42）所示，当系统突变时，通过时变次优渐消因子 λ_{k+1} 增大当前观测值在 STF 算法迭代过程的作用，同时使更新的误差协方差矩阵 $P_{k+1|k+1}$ 始终保持对称正定性，增强了算法稳定性。改进后的算法仍然满足正交性原理，即具有强跟踪特性。

基于对称强跟踪滤波控制算法的实现步骤如下。

第一步：确定串并联机构伺服系统状态估计变量，选择初始值 $\hat{x}_{0|0}$、$P_{0|0}$，同时，根据经验选择一个合适的弱化因子 β 和遗忘因子 ρ。

第二步：由式（6-24）计算出 $\hat{x}_{k+1|k}$，再由式（6-38）计算出 γ_{k+1}。

第三步：计算时变渐消因子 λ_{k+1}，见式（6-33）～式（6-37）。

第四步：由式（6-32）计算出 $P_{k+1|k}$，由式（6-26）计算增益矩阵 K_{k+1}，由式（6-27）最终得到状态估计值 $\hat{x}_{k+1|k+1}$。

第五步：将状态估计值 $\hat{x}_{k+1|k+1}$ 与目标值 x_0 做比较，将转速差值送入速度环控制器中，做转速控制。

第六步：将状态估计值 $\hat{x}_{k+1|k+1}$ 与目标值 x_0 做比较，将电流差值送入电流环控制器中，做电流控制。

第七步：由式（6-42）得 $P_{k+1|k+1}$，$k+1 \to k$，转向第三步，继续循环（注：这里提出的改进 STF 算法不局限于本书 3PTT2R 伺服系统，其应用广泛，其中第二、三、四、七步是对称强跟踪滤波算法的核心步骤）。

6.4.3　具有误差因子的改进强跟踪滤波算法的提出

值得注意的是，强跟踪滤波算法虽然可以对协方差矩阵 $P_{k+1|k}$、$P_{k+1|k+1}$ 进行

实时调整，提高估计精度，但是，强跟踪滤波算法对负载扰动和模型不确定性导致的误差却无法进行区分，导致控制精度降低。为了解决这一问题，本节提出了具有误差因子的改进强跟踪滤波算法。

为了区分负载扰动和模型不确定性引起的误差，误差阈值可以设计为

$$\bar{\boldsymbol{P}}_{k+1}^{z} > \delta \boldsymbol{P}_{k+1}^{z} \tag{6-43}$$

式中，$\bar{\boldsymbol{P}}_{k+1}^{z}$为协方差矩阵；$\delta$为识别因子；$\delta\boldsymbol{P}_{k+1}^{z}$为误差阈值。矩阵$\bar{\boldsymbol{P}}_{k+1}^{z}$和$\boldsymbol{P}_{k+1}^{z}$可通过下式计算

$$\bar{\boldsymbol{P}}_{k+1}^{z} = \frac{\alpha \boldsymbol{P}_{k}^{z} + \boldsymbol{\gamma}_{k}\boldsymbol{\gamma}_{k}^{\mathrm{T}}}{1+\alpha} \tag{6-44}$$

$$\boldsymbol{P}_{k+1}^{z} = \boldsymbol{H}_{k+1}\boldsymbol{P}_{k+1|k}\boldsymbol{H}_{k+1}^{\mathrm{T}} + \boldsymbol{R}_{k} \tag{6-45}$$

根据式（6-43），当串并联机构受到的误差由负载扰动所引起时，协方差矩阵$\bar{\boldsymbol{P}}_{k+1}^{z}$超过$\boldsymbol{P}_{k+1}^{z}$的$\delta$倍；当串并联机构受到的误差由模型不确定性所引起时，此时$\bar{\boldsymbol{P}}_{k+1}^{z} \leqslant \delta\boldsymbol{P}_{k+1}^{z}$。

为了保持算法的稳定性，识别因子δ的取值范围为[1，$\delta_{\max}$]。$\delta_{\max}$可以通过下式得到

$$\delta_{\max} = \left(1 + \left\| \boldsymbol{F}_{k}^{-1}\left\{E\left[\boldsymbol{\gamma}_{k}\boldsymbol{\gamma}_{k}^{\mathrm{T}}\right] - \boldsymbol{V}_{k}\right\}\boldsymbol{F}_{k}^{-\mathrm{T}}\boldsymbol{P}_{k}^{-1}\right\|_{\infty}\right)^{2} \tag{6-46}$$

当串并联机构的误差仅仅是由模型不确定性引起，如串并联机构空载运行时，计算得到的$\delta_{\max}$可以作为δ的一个值使用。只要δ选用合理，具有误差因子的改进强跟踪滤波算法就可以准确地识别负载扰动和模型不确定性所引起的误差并加以区分对待，进而提高控制精度。

为了区分对待负载扰动和模型不确定性所引起的误差，新的次优渐消因子设计为

$$\lambda_{i|k+1} = \begin{cases} c\lambda_{0} & \bar{\boldsymbol{P}}_{k+1}^{z} > \delta\boldsymbol{P}_{k+1}^{z} \\ d & \bar{\boldsymbol{P}}_{k+1}^{z} \leqslant \delta\boldsymbol{P}_{k+1}^{z} \end{cases} \tag{6-47}$$

根据式（6-47），当串并联机构受到的误差是由模型不确定性引起时，即$\bar{\boldsymbol{P}}_{k+1}^{z} \leqslant \delta\boldsymbol{P}_{k+1}^{z}$，此时需要控制算法对模型不确定性引起的误差不过分调节，即$\lambda_{i|k+1} = d$；而当串并联机构受到的误差是由负载扰动引起时，即$\bar{\boldsymbol{P}}_{k+1}^{z} > \delta\boldsymbol{P}_{k+1}^{z}$，需要控制算法对负载扰动引起的误差实时调整，即$\lambda_{i|k+1} = c\lambda_{0}$，以提高估计精度。

具有误差因子的改进强跟踪滤波控制算法的实现步骤如下。

第一步：确定串并联机构伺服系统状态估计变量，选择初始值$\hat{\boldsymbol{x}}_{0|0}$、$\boldsymbol{P}_{0|0}$，

同时，根据经验选择一个合适的弱化因子 β 和遗忘因子 ρ 。

第二步：由式（6-24）计算出 $\hat{\boldsymbol{x}}_{k+1|k}$，再由式（6-38）计算出 $\boldsymbol{\gamma}_{k+1}$ 。

第三步：计算时变渐消因子矩阵 $\boldsymbol{\lambda}_{k+1}$，见式（6-43）～式（6-47）。

第四步：由式（6-32）计算出 $\boldsymbol{P}_{k+1|k}$，由式（6-26）计算增益矩阵 $\boldsymbol{K}_{k+1}$，由式（6-27）最终得到状态估计值 $\hat{\boldsymbol{x}}_{k+1|k+1}$ 。

第五步：将状态估计值 $\hat{\boldsymbol{x}}_{k+1|k+1}$ 与目标值 $\boldsymbol{x}_0$ 做比较，将转速差值送入速度环控制器中，做转速控制。

第六步：将状态估计值 $\hat{\boldsymbol{x}}_{k+1|k+1}$ 与目标值 $\boldsymbol{x}_0$ 做比较，将电流差值送入电流环控制器中，做电流控制。

第七步：由式（6-42）得 $\boldsymbol{P}_{k+1|k+1}$， $k+1 \to k$，转向第三步，继续循环。

6.4.4 仿真性能分析

为了验证新型强跟踪滤波算法的估计性能，检验它在串并联机构伺服系统中应用的有效性和可靠性，要保证对比分析是在相同的条件下进行的，取和 6.2 节相同的仿真条件，即系统噪声 $\boldsymbol{\sigma}(k)$ 和观测噪声 $\boldsymbol{w}(k)$ 为满足下述统计特性的高斯白噪声：系统噪声协方差 $E\left[\boldsymbol{\sigma}(k)\boldsymbol{\sigma}^{\mathrm{T}}(j)\right]=\boldsymbol{Q}(k)\delta_{k,j}$； $E\left[\boldsymbol{w}(k)\boldsymbol{w}^{\mathrm{T}}(j)\right]=\boldsymbol{R}(k)\delta_{k,j}$ 测量噪声协方差初值 $\boldsymbol{R}_0=10^{-4}\boldsymbol{I}(6)$；误差协方差初值 $\boldsymbol{P}(0|0)=10^{-6}\boldsymbol{I}(6)$，且系统状态服从 $N(0,1)$ 分布，遗忘因子 $\rho=0.95$，弱化因子 $\beta=4.5$。为了定量地比较强跟踪滤波（STF）算法和新型强跟踪滤波（ISTF）算法的估计精度，定义估计误差均方根指标

$$D(x)=\sqrt{\frac{\sum_{i=0}^{n}\left|x(k)-\hat{x}(k|k)\right|^2}{n}} \tag{6-48}$$

式中，n 为迭代步数。此性能指标越小，说明估计精度越高。

（1）误差由模型不确定性引起时算法比较

图 6-9 所示为电动机低速轻载工况下的转速估计情况。由于转速的变化较慢，同时轻载工况下噪声和扰动较少，串并联机构的误差主要由模型不确定性引起。取系统噪声协方差初值 $\boldsymbol{Q}_0=10^{-6}\boldsymbol{I}(6)$，从图中可见，强跟踪滤波算法（STF）和新型强跟踪滤波算法（ISTF）都能完成转速估计的任务，估计误差均方根指标 $D(x)=2.136$，估计精度较高。这是因为强跟踪滤波算法和新型强跟踪滤波算法利用时变次优渐消因子迫使残差处处正交，增强了稳态的跟踪能力。同时，由于干扰少，$\boldsymbol{\lambda}_{k+1}=[1,1,1,1,1,1]^{\mathrm{T}}$ 使系统协方差矩阵始终具有对称正定性，所以强跟踪滤波算法和新型强跟踪滤波算法的估计性能是一致的。

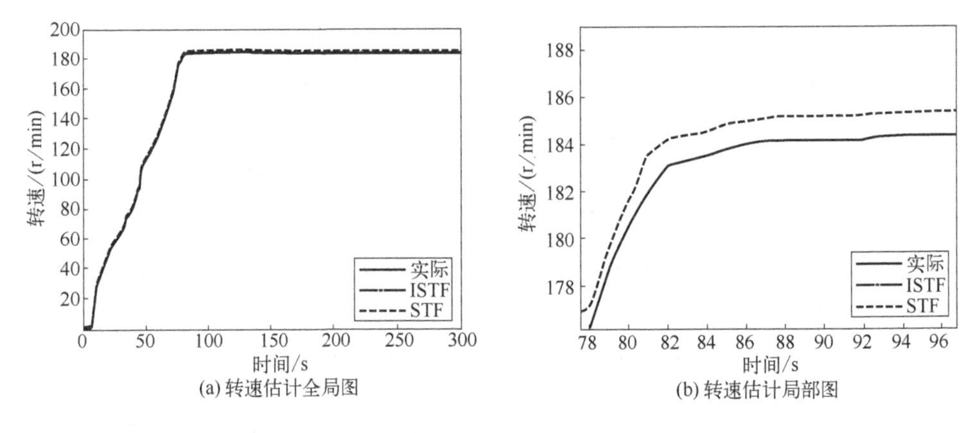

(a) 转速估计全局图　　(b) 转速估计局部图

图 6-9　电动机低速轻载工况下的转速估计情况

（2）误差由负载扰动引起时计算法比较

图 6-10 所示为电动机高速带载工况下的转速估计情况。在带载情况下系统噪声和干扰不可避免，此时串并联机构受到的误差主要由负载扰动导致。因此系统噪声协方差初值改为 $\boldsymbol{Q}_0 = 10^{-2}\boldsymbol{I}(6)$，转速从平稳状态 180r/min 突变至 800r/min 时，根据先验知识，为了获取更准确的转速估计，取时变次优渐消因子矩阵 $\boldsymbol{\lambda}_{k+1} = [1,1,10,1,1,1]^{\mathrm{T}}$。根据式（6-47），当串并联机构的误差主要由负载扰动引起时，$\bar{\boldsymbol{P}}_{k+1}^{z} > \delta \boldsymbol{P}_{k+1}^{z}$，此时为了提高估计精度，需要控制算法对负载扰动引起的误差实时调整，即 $\lambda_{i|k+1} = c\lambda_0$。而不相等的 $\boldsymbol{\lambda}_{k+1}$ 矩阵会破坏误差协方差矩阵 $\boldsymbol{P}_{k+1|k}$、$\boldsymbol{P}_{k+1|k+1}$ 的对称性，导致强跟踪滤波算法在以后的迭代过程中状态估计不准确甚至发散。新型强跟踪滤波算法通过改变次优渐消因子矩阵 $\boldsymbol{\lambda}_{k+1}$ 的作用方

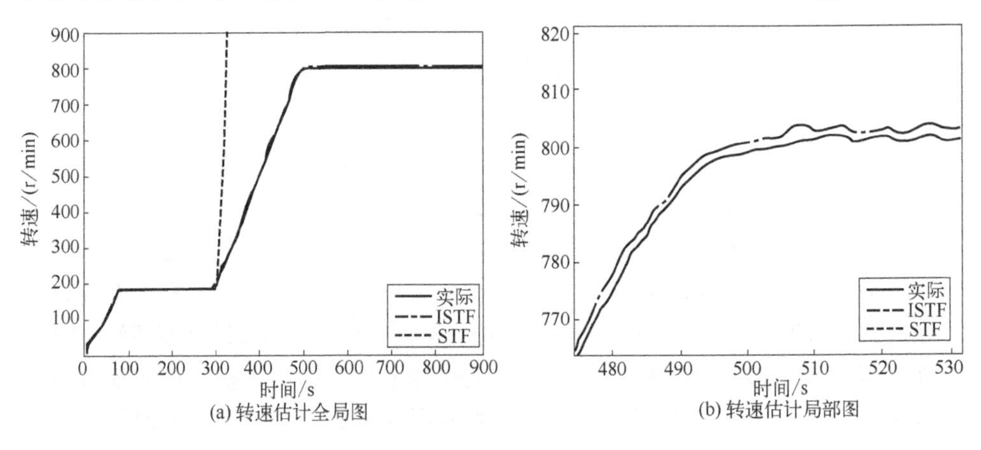

(a) 转速估计全局图　　(b) 转速估计局部图

图 6-10　电动机高速带载工况下的转速估计情况

式，使误差协方差矩阵始终保持对称正定性，进而使系统一致稳定。随着噪声干扰增大，估计误差均方根指标 $D(x)=5.832$ 。因此，相比于扩展卡尔曼滤波算法、强跟踪滤波算法，新型强跟踪滤波算法可以获得更为令人满意的估计效果。

（3）新型强跟踪滤波算法对模型参数鲁棒性的分析

为了研究新型强跟踪滤波算法关于模型参数不确定性对系统鲁棒性的影响，对不同的模型参数分别进行了仿真研究。通过分析，串并联机构在工作过程中转动惯量最易受到影响。已知系统标称转动惯量 $J^0=0.8\times10^{-3}\text{kg}\cdot\text{m}^2$ 。表 6-2 所示为转动惯量失配时，新型 STF 算法的仿真结果。

表 6-2 J^0 与 J 不匹配时，新型强跟踪滤波（ISTF）算法仿真结果

J	$J^0/1.01$	J^0	$1.01J^0$	$1.05J^0$	$1.1J^0$
$D(x)$	6.859	5.832	6.053	6.925	7.256

由表 6-2 可知，当模型中的某一个参数发生失配时，新型强跟踪滤波算法仍可以具有较高的估计精度。当多模型参数同时失配，仿真中取 $\hat{x}(0|0)=1.05x^0(0)$，$J=J^0/1.01$， $Q=1.03Q^0$，仿真结果如图 6-11 所示。

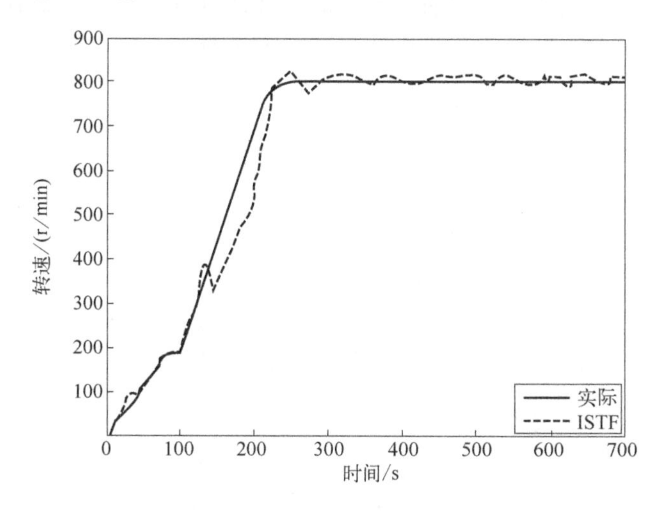

图 6-11 模型失配时转速估计性能比较

通过表 6-2 和图 6-11，进一步验证了新型强跟踪滤波算法具有很强的模型参数不确定性的鲁棒性，这些不确定性可以发生在初始条件的统计特性中，可以发生在模型参数中，也可以发生在噪声统计特性中。

综合仿真情况和对比数据的分析结果，当次优渐消因子 λ_{k+1} 取值相同时，强跟踪滤波算法和新型强跟踪滤波算法对突变和稳态的估计精度一致，并优于

扩展卡尔曼滤波算法（EKF）。当次优渐消因子 $\boldsymbol{\lambda}_{k+1}$ 取值不同时，新型强跟踪滤波算法对突变和稳态仍具有较高的估计精度，可以区分模型不确定和负载扰动，并加以区别对待，同时对模型的不确定性也具有鲁棒性；而强跟踪滤波算法有发散现象；扩展卡尔曼滤波算法无法对突变状态进行跟踪，也不能区分负载扰动和模型不确定性所引起的误差。

6.5 本章小结

针对第 5 章串并联机构机电耦合建模分析提出的问题，根据负载扰动和不可避免的工况干扰，首先用扩展卡尔曼滤波算法试图解决这一问题。通过仿真分析，发现扩展卡尔曼滤波算法对系统模型精度要求较高，同时很难确定精准的初值 $\hat{\boldsymbol{x}}(0|0)$ 和 $\boldsymbol{P}(0|0)$。其次，强跟踪滤波算法具有较高的模型不确定性，仿真分析更适合串并联机构控制系统。但强跟踪滤波算法对模型不确定性和负载扰动所引起的误差无法进行区分，且若次优渐消因子 $\boldsymbol{\lambda}_{k+1}$ 取值不同时，易使协方差矩阵丧失对称性，导致系统发散。最后设计新型强跟踪滤波算法，区分模型不确定性和负载扰动所引起的误差并加以区别对待。仿真结果表明，新型强跟踪滤波算法基本可以解决负载扰动和工况干扰对串并联系统性能的影响。

第 7 章 串并联机构耦合分析与控制实验

7.1 概述

精度是评价串并联机构的重要指标，也是串并联机构能否在高端机械领域被应用的重要依据。本章对串并联机构进行实验研究，包含串并联机构实验平台的搭建、串并联机构末端位置误差的实验研究，验证了本书第 2～4 章的理论研究内容。在耦合控制实验研究中，搭建串并联机床实验平台，分别对串并联机床的加工精度及表面粗糙度进行实验研究，验证了本书第 5、6 章的理论研究内容。

7.2 串并联机构耦合误差实验

7.2.1 实验平台搭建

本实验以设计的 5 自由度串并联机构为实验对象，采用激光测距法，使用激光测距传感器直接对 5 自由度串并联机构末端位置三维运动进行误差测量。整个实验平台除了串并联机构以外，还包括控制器、驱动电动机、机架、末端执行器、显示屏、激光测距传感器等仪器设备，如图 7-1 所示。

如第 4 章所述，在对 5 自由度串并联机构实验时，要考虑机构运动学设置参数不能与真实运动空间偏差过大，否则机构会发生干涉，从而导致机构杆件变形及其驱动副发生磨损甚至破坏，无法得到仅有机构运动副误差对末端位置影响的程度。故在5自由度串并联机构实验前，首先对5自由度串并联机构的各项运动参数进行精准测量。在测量时，机构驱动副处于初始位置时，机构样机模型的运动学参数设置如第3章表3-1所示。测量发现在驱动副处于初始位置时，机构运动时其真实参数范围在技术参数内，符合要求。此时，就可以观察分析出机构末端标记点的误差是由机构运动副的间隙误差导致的。

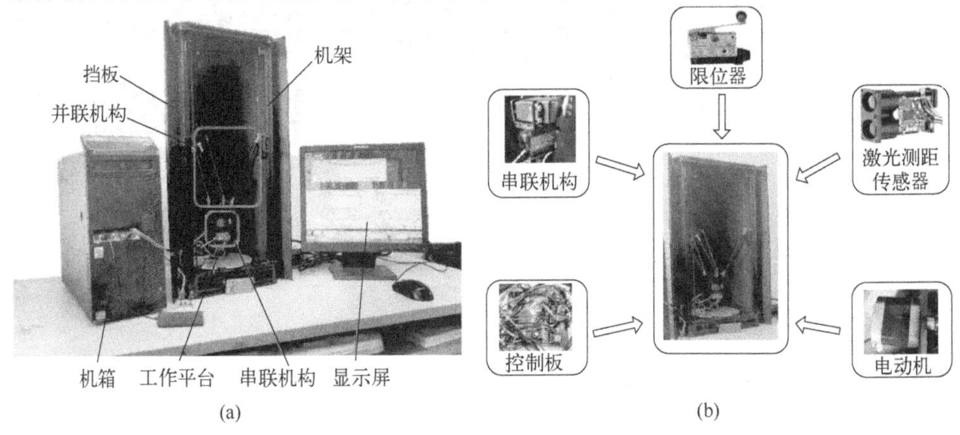

图7-1　实验平台

本书所设计的5自由度串并联机构为样机,其结构为小型非金属工件制造，主控制器选择高效的单片机。通过多种单片机的性能对比，本次实验选择STM32F103ZET6单片机作为5自由度串并联机构的主控制器，如图7-2所示，主要参数如表7-1所示。

图7-2　芯片及主控板图

表 7-1　STM32F103ZET6 单片机主要参数

参数	参数值
商品目录	STM32 F1 32 位 MCU
核心处理器	ARM® Cortex®-M3
核心总线	32 位
主频	72MHz
连接性	CAN，I²C，IrDA，LIN，SPI，UART/USART，USB
外设	DMA，电机控制 PWM，PDR，POR，PVD，PWM，温度传感器，WDT
I/O 数	112
程序存储容量	512KB（512K×8b）
程序存储器类型	闪存
RAM 容量	64K×8
电压-电源（V_{cc}/V_{dd}）	2～3.6V
数据转换器	A/D 21×12b；D/A 2×12b
振荡器类型	内部
工作温度	-40～85℃（TA）
封装/外壳	144-LQFP

对于 5 自由度串并联机构，驱动电动机就好比它的“心脏”，因此驱动电动机应该具备控制精确高、负载大、转矩大、易于控制等特点。选择合适的驱动电动机能够很大程度上简化设计过程。样机实验选择步进电动机作为 5 自由度串并联机构的驱动电动机。步进电动机的具体情况如图 7-3 和表 7-2 所示。

表 7-2　步进电动机参数

名称	技术指标
尺寸	42mm×42mm×61mm
额定电流/A	1.5
线圈电阻/Ω	2.4（±10%）
保持转矩/（N·m）	0.750
转动惯量/（g·cm²）	114
质量/kg	0.5
步距角/（°）	1.8

机构采用的测量设备为维特智能激光测距传感器 WT-VL53L0，可直接与电脑主机组成测量模块。维特智能激光测距传感器 WT-VL53L0 能实现 2m 的距离定位，满足机构运动空间的距离，具有高精度的断光续接功能。高绝对定位精度的实现主要通过距离测量，反光器件安装在机架外挡板上。本激光测距传感器尺寸为 20mm×13mm×6.2mm，体积小，便于安装，精度可达 0.01mm，如图 7-4 所示。

图 7-3　步进电动机

图 7-4　激光测距传感器 WT-VL53L0

7.2.2　串并联机构末端位置误差实验

（1）实验方案

针对机构运动副径向间隙误差对 5 自由度串并联机构末端位置的影响，避免机构驱动装置给机构末端位置带来误差，使机构在运动前处于零点位置。为便于 5 自由度串并联机构末端位置误差点测量，借助激光测距传感器对机构末端位置进行数据采集。

根据 5 自由度串并联机构构型综合可知，并联机构动平台沿 x、y、z 轴移动，故使用 3 个激光测距传感器分别测量并联机构沿 x、y、z 轴方向的移动距离。为了验证并联机构运动副间隙误差存在耦合特性，在此先不对串联部分进行误差点标定。

在第 4 章并联机构误差模型的基础上，结合第 3 章并联机构运动轨迹编写运动代码。为记录机构末端位置运动点参数，需先建立测距激光传感器的坐标系，再研究 5 自由度串并联机构末端位置合理的测点路线，以便获取较准确的末端位置坐标点。机构末端位置参数测量实验包含以下步骤：

① 以 5 自由度串并联机构末端位置为坐标系参考点，以第 3 章图 3-1 并联机构坐标系为基础，在动/定平台上建立相对应的参考坐标系；

② 确定驱动副零点位置，获取激光测距传感器与机架挡板之间的距离；

③ 按程序规划 5 自由度串并联机构末端位置运动轨迹，采集、记录末端位

置与机架挡板之间的三维位移变化量点；

④ 每做完一组实验，更换不同径向间隙误差的运动副，重复实验步骤②、③，直到完成四组运动副间隙误差对 5 自由度串并联机构末端位置三维移动的测量。

（2）实验结果分析

通过上述实验步骤，每次调整机构运动副，根据机构运动过程中每组运动副间隙误差采集 60 组距离数据。

表 7-3　运动副间隙误差 0.05mm 激光测距传感器采集数据

序号	1	2	3	4	5	6	7	8	…	60
x	51.84	54.43	56.83	57.83	59.24	61.86	62.87	57.83	…	84.75
y	63.50	64.56	63.26	62.88	61.44	58.64	55.24	52.46	…	53.49
z	98.70	114.05	129.01	143.21	158.30	167.94	178.84	186.75	…	199.36

表 7-4　运动副间隙误差 0.1mm 激光测距传感器采集数据

序号	1	2	3	4	5	6	7	8	…	60
x	53.81	54.91	56.24	57.41	58.48	59.10	60.93	62.21	…	81.15
y	57.90	57.87	57.16	56.99	56.27	56.26	56.11	55.73	…	60.69
z	97.80	116.24	128.31	142.61	155.79	167.53	176.53	184.53	…	198.25

表 7-5　运动副间隙误差 0.15mm 激光测距传感器采集数据

序号	1	2	3	4	5	6	7	8	…	60
x	51.84	51.43	51.03	52.63	53.24	54.26	55.47	56.32	…	80.63
y	56.93	57.11	57.09	57.35	56.89	56.43	55.42	54.36	…	64.52
z	92.70	107.05	121.01	134.21	149.30	160.54	169.44	175.75	…	186.45

表 7-6　运动副间隙误差 0.20mm 激光测距传感器采集数据

序号	1	2	3	4	5	6	7	8	…	60
x	50.50	50.16	51.83	51.51	52.20	52.89	53.59	54.29	…	72.67
y	58.03	57.25	56.42	55.05	54.65	53.70	52.71	51.67	…	65.35
z	90.48	103.95	120.11	133.59	142.99	156.98	168.24	175.51	…	198.25

表 7-3～表 7-6 记录的数据为机构运动时末端输出端到挡板之间的距离。从

实验数据看，机构关节间隙误差在 0.05mm、0.10mm、0.15mm、0.20mm 时末端位置大部分运动点都在预定空间内，但随着机构关节间隙误差值增大，末端位置与理论值偏差变大。由此可定性认为，随着机构运动副间隙误差变大，其末端轨迹波动变大，验证了误差仿真结果的正确性。再将得到的数据与机构设定参数距离对比，选取机构运动前 2s 运动数据，得出机构末端位置理论值与末端位置实验值曲线对比图，如图 7-5 所示。

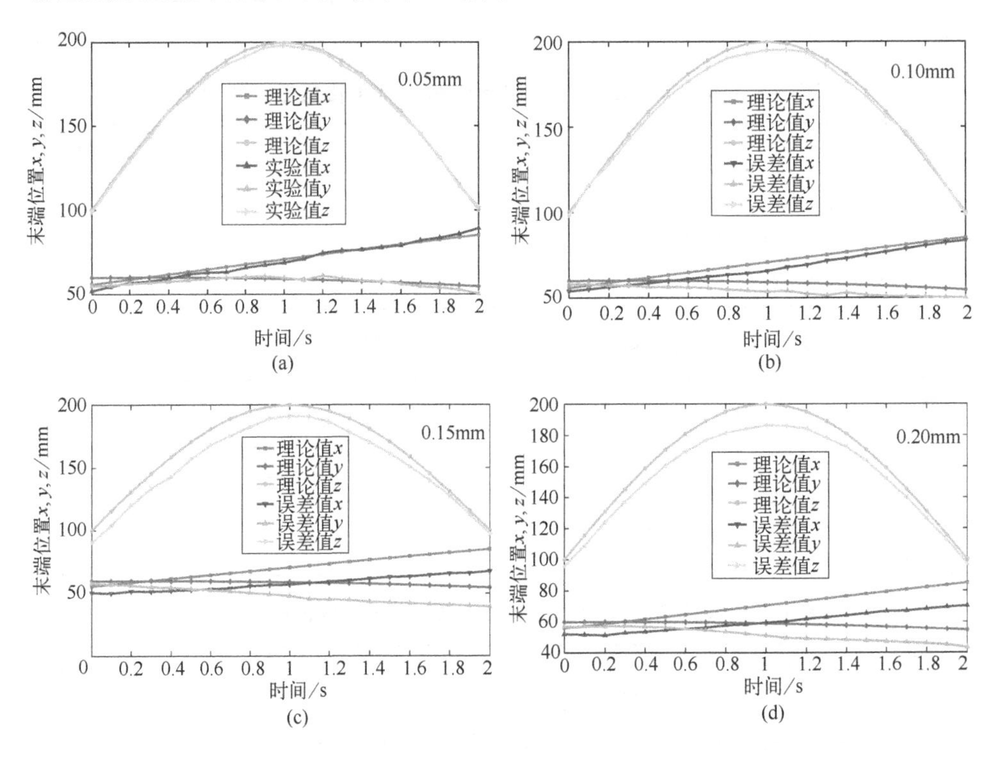

图 7-5 理论值与实验值对比图

由图 7-5 可以看出，机构末端位置理论值与实验值之间产生位置偏差，随着机构关节径向间隙误差值增加，末端位置偏差值增加，但不呈比例叠加。当机构关节间隙误差值在 0.05mm 和 0.10mm 时，末端运动点超出设计参数值。而随着机构关节间隙误差值增加，末端位置虽然偏差变大，却都在设定参数值内。对比仿真图可知，实验值误差偏大。机构样机加工和装配不满足高精度的设计要求，也导致了样机在实验中测得的数值偏大。

为了得到理论值和实验值的差值，通过实验数据做计算，给出末端位置误差图，如图 7-6 所示。

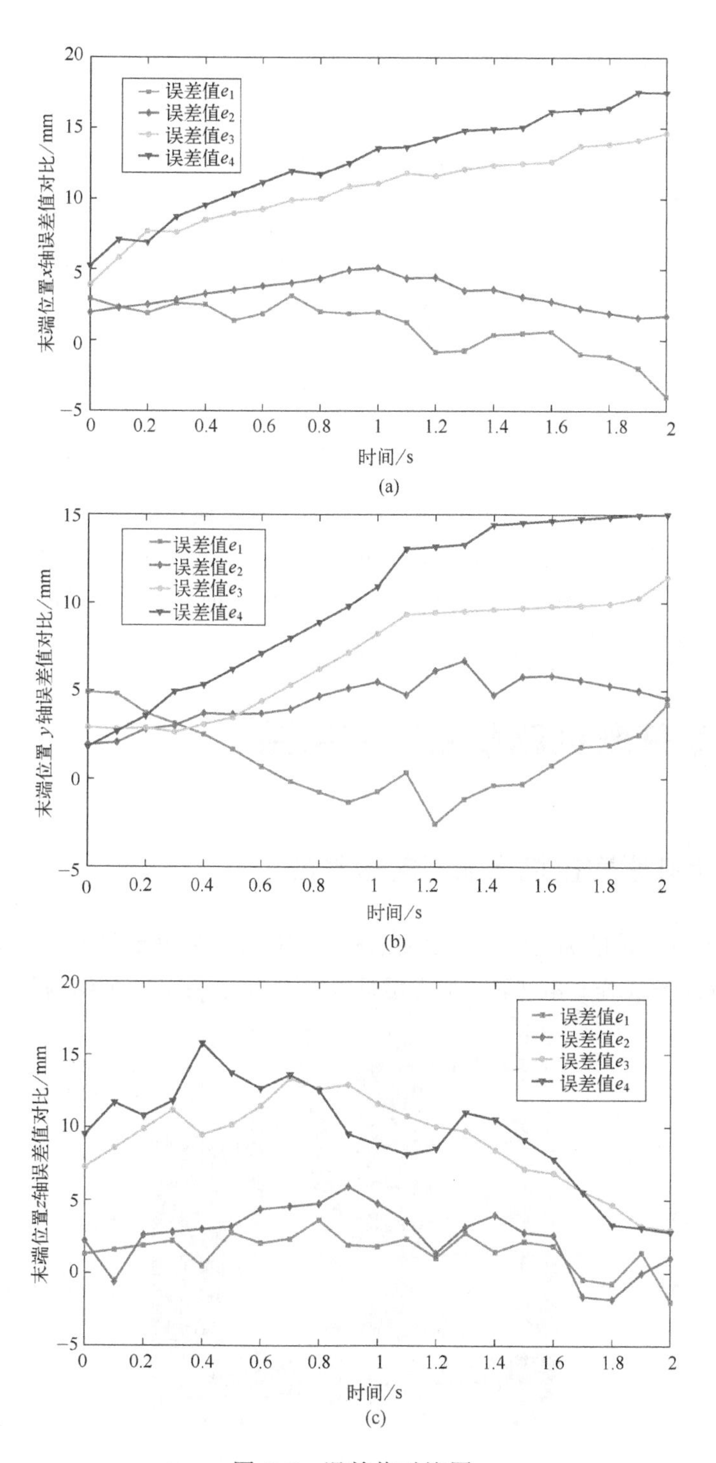

20
15
10
5
0
−5
0
0.2
0.4
0.6
0.8
1
1.2
1.4
1.6
1.8
2
末端位置x轴误差值对比/mm
时间/s
误差值e_1
误差值e_2
误差值e_3
误差值e_4
(a)
末端位置 y 轴误差值对比/mm
(b)
末端位置z轴误差值对比/mm
(c)

图 7-6　误差值对比图

由图 7-6 可以看出，通过机构末端位置理论值与实验值之间产生的位置偏差值，得到机构末端在不同间隙误差值下的位置误差值，如表 7-7 所示。

表 7-7　实验误差数据

关节径向间隙误差值/mm	x 轴偏移量/mm		y 轴偏移量/mm		z 轴偏移量/mm	
	最小值	最大值	最小值	最大值	最小值	最大值
0.05	−3.99	3.91	2.56	4.91	−1.96	3.63
0.10	1.59	5.11	1.94	6.68	−1.80	5.94
0.15	3.91	14.64	2.91	11.43	2.90	12.92
0.20	5.25	17.50	1.81	14.99	2.81	15.70

通过图 7-6 和表 7-7 可知，随着机构关节间隙误差值增加，末端位置偏差值亦增加。当关节间隙值为 0.05mm 和 0.10mm 时，末端位置在机构设计参数附近上下波动；当关节间隙值为 0.15mm 和 0.2mm 时，末端位置误差范围加大，都在设定参数内。验证了多关节并联耦合性。

7.3　串并联机床耦合控制实验

7.3.1　串并联数控机床加工实验平台

应用研究开发的加工精密自由曲面模具的串并联研抛专用机床为加工实验平台开展实验研究工作。串并联研抛专用机床如图 7-7 所示，主要结构参数见表 7-8。

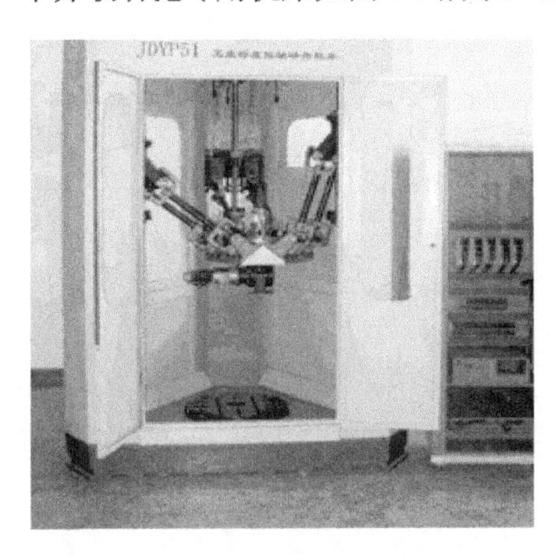

图 7-7　串并联研抛专用机床实物图

表 7-8　串并联研抛专用机床主要结构参数

参数	量值
主工作空间半径/mm	250
杆长/mm	495
动平台外接圆半径/mm	312
静平台外接圆半径/mm	814
虎克铰许用转角/（°）	90
滑鞍行程/mm	850
机床高度/mm	2605

机床的电气驱动系统采用松下交流伺服电动机 MSMD022P1 和松下伺服控制器适配驱动器 MADDT1207N。MSMD022P1 和 MADDT1207N 实物如图 7-8 所示。

MSMD022P1 的主要参数为：供电功率 0.5kV·A；输出功率 200W；输出力矩 0.64N·m；尖峰力矩 1.91N·m；额定电流 1.6A；最大电流 6.9A；额定转速 3000r/min；最大转速 5000r/min；转动惯量 0.14×10^{-4}kg·m^2。

串并联研抛专用机床数字控制系统如图 7-9 所示，数字控制系统的功能主要包括电气控制、伺服驱动、运动控制。

图 7-8　实验用电动机与驱动器

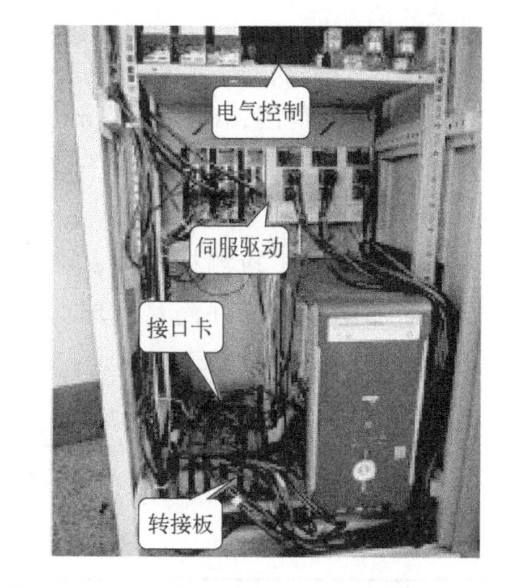

图 7-9　串并联研抛专用机床数字控制系统

以球面镜及非球面镜模具为设计的加工零件。此类零件的超精密加工技术是当今世界研究的前沿及热点问题。分别选取单晶硅、紫铜、合金铝及45钢为加工材料。经串并联研抛专用机床加工后，采用先进的检测仪器Wyko（Veeco）NT9100进行样件检测。图7-10（a）为Wyko（Veeco）NT9100实物图示，图7-10（b）为软件界面。

(a) 实物图示

(b) 软件界面

图7-10　Wyko（Veeco）NT9100

NT9100光学轮廓仪是一款使用便利、性能卓越、性价比高的非接触无损伤三维形貌测量仪器。作为第九代白光干涉仪的桌面机台，NT9100同样具有大机台才有的优点：简单易用的操作方式、快速数据获取能力、强大的软件功能及纳米级的重现性等。同时，可选配的 X-Y 自动平台，使NT9100具有程序化处理样品的功能。

其主要技术参数为：

① 纵向扫描范围：0.1nm～1mm；

② 最大扫描速度：24μm/s；

③ 样品台尺寸：100mm。

设计的球面加工检测样件为 ϕ37mm，最大加工深度6mm，为一球冠。设计的非球面加工检测样件满足非球面方程式（7-1）。根据光学曲面设计标准要求，设计的非球面参数见表7-9。

$$z=\frac{-(x^2+y^2)}{R+\sqrt{R^2-k(x^2+y^2)}}+\sum_{i=2}^{6}A_{2i}(x^2+y^2)^i \tag{7-1}$$

表7-9　非球面参数

R/mm	k	A_4	A_6	A_8	A_{10}	A_{12}
5	10	0.1	−0.05	0.02	−0.01	0.002

7.3.2　串并联数控机床加工精度实验

选用 45 钢作为加工实验材料，实验过程是将理论数据与实测数据作对比，以达到保证加工精度的要求。加工仿真实验图形如图 7-11 所示。

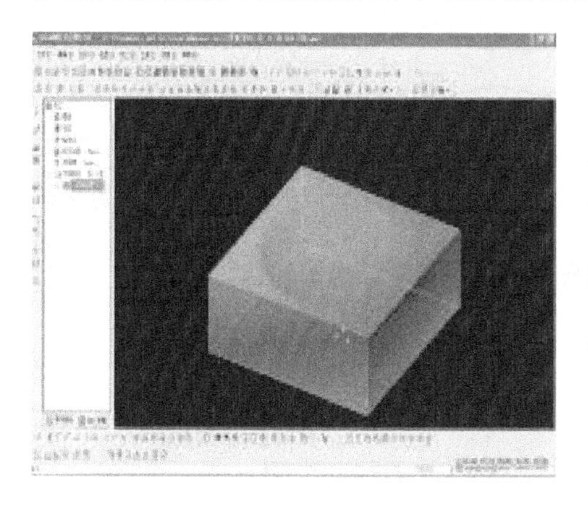

图 7-11　加工仿真实验图形

（1）刀具位姿对加工精度的影响实验研究

实验目的：通过刀具姿态实验验证第 2 章构型综合耦合分析的理论研究工作。

实验设计：考虑刀具位姿奇异性及控制精度，在刀具轴线垂直 Y 轴的前提下，改变刀具轴线与 X 轴、Z 轴夹角，研究变化角度对工件表面粗糙度的影响。表 7-10 为实验条件，实验结果如图 7-12 和图 7-13 所示。

表 7-10　位姿实验条件

项目	条件
试件	45 钢
切削力/N	30
刀具转速/（r/min）	800
进给速度/（mm/min）	400
刀具姿态	刀具轴线垂直 Y
切削液	不加切削液

实验数据分析：刀具轴线与 Z 轴夹角为 30° 时加工的效果最为理想。

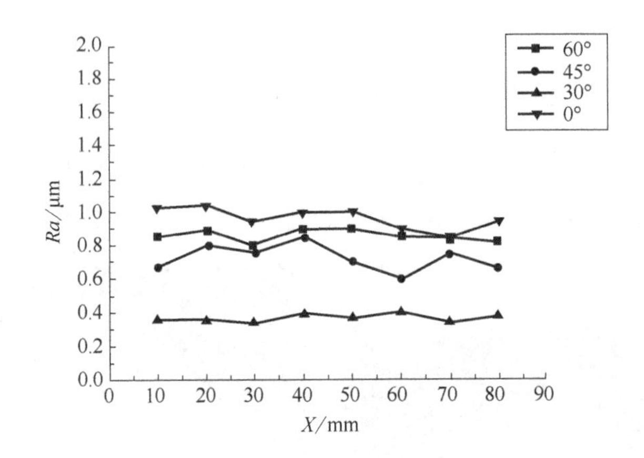

图 7-12　刀具轴线与 Z 轴夹角变化对加工精度的影响

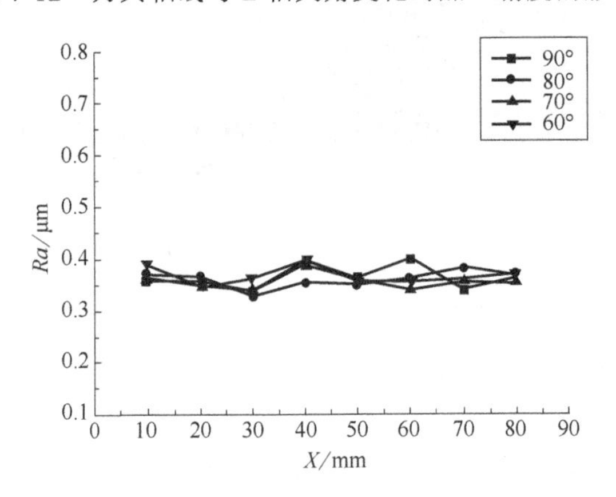

图 7-13　刀具轴线与 Y 轴夹角变化对加工精度的影响

（2）切削力对加工精度的影响实验研究

实验目的：通过刀具受力实验验证力学耦合分析的理论研究工作。

实验设计：采用改变压力的实验方式进行加工，研究力的变化对工件加工精度的影响。表 7-11 为实验条件，实验结果如图 7-14 所示。

表 7-11　实验条件

项目	条件
试件	45 钢
加工方向	垂直于前加工面刀痕方向
刀具转速/（r/min）	800
进给速度/（mm/min）	400
切削液	不加切削液

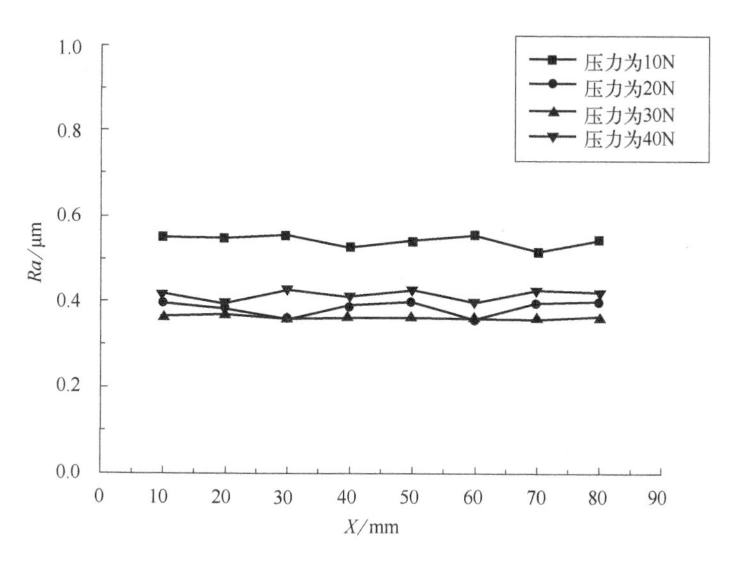

图 7-14　改变压力值对表面粗糙度的影响

实验结论：实验及实际加工选用压力 30N 加工，加工效果较理想。

（3）切削速度对加工精度的影响实验研究

实验目的：通过刀具进给速度实验验证运动学耦合分析的理论研究工作。

实验设计：通过对进给速度和主轴转速的检测，反映加工工件的表面粗糙度。优化进给速度数值，表 7-12 为实验条件，实验结果如图 7-15 所示。

实验结论：进给速度选取 400mm/min 最为适宜。

综上分析，以上三项实验均为单因素实验，加工过程及检测手段相对比较常规，精度不是很高，并且对于串并联数控机床伺服进给系统的机电控制系统参数是凭经验取值，具有一定的局限性。接下来，运用遗传算法整定 PID 参数、强跟踪滤波器解决负载扰动和工况干扰对系统性能的影响的方法，对串并联数控机床的伺服进给系统进行解耦控制，并进行实验研究。

表 7-12　实验条件

项目	条件
试件	45 钢
切削力/N	30
刀具转速/（r/min）	800
切削液	不加切削液

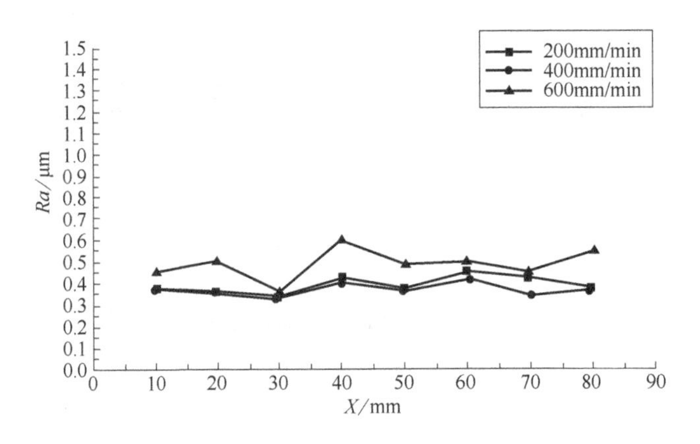

图 7-15　切削速度对加工精度的影响

7.3.3　串并联数控机床表面精度实验

（1）机电耦合特性对表面粗糙度的影响实验研究

实验目的：结合控制系统仿真实验，进行表面的加工与检测实验，与之前仿真实验对比，验证所运用的遗传算法整定 PID 参数、强跟踪滤波器解决负载扰动和工况干扰对系统性能的影响的方法，对串并联数控机床的伺服进给系统进行解耦控制的正确性及效果。

实验设计：分别选用单晶硅、紫铜、铝合金及 45 钢为加工材料。选用之前实验最优参数，结合控制系统参数进行加工，采用 NT9100 进行表面粗糙度检测，并与之前实验进行对比。实验结果如图 7-16 所示。

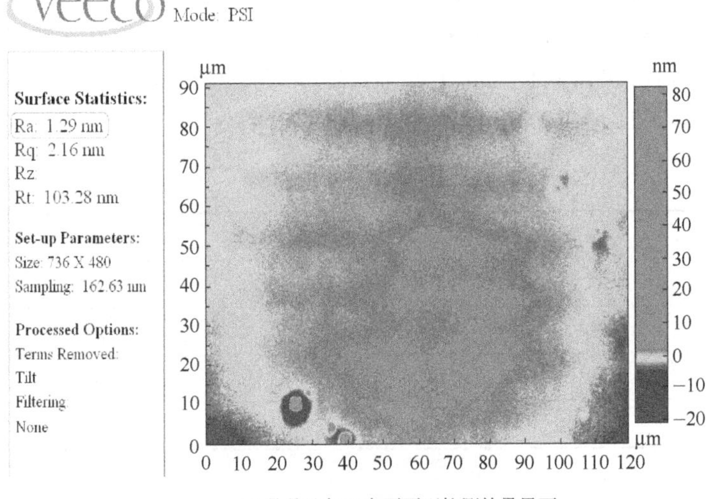

(a) 单晶硅加工表面面型检测结果界面

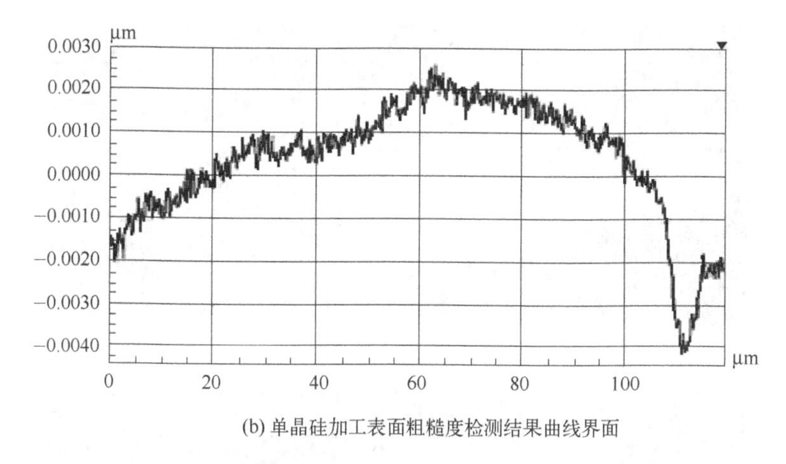

(b) 单晶硅加工表面粗糙度检测结果曲线界面

图 7-16　机电耦合特性对表面粗糙度的影响（单晶硅）

从实验数据可以看出，运用强跟踪滤波器解决负载扰动和工况干扰对系统性能的影响的方法对串并联数控机床的伺服进给系统进行解耦控制，机床加工表面粗糙度值大幅改进，达到纳米级别精度，切削条纹较均匀，表面粗糙度整体曲线更为规律。

（2）机电耦合特性对表面轮廓度影响的实验研究

实验目的：结合控制系统实验，运用设计的串并联数控机床的伺服进给系统解耦控制方法进行控制并进行高精度表面轮廓的加工与检测实验，丰富实验内容，完善之前实验未进行的工作，进一步验证设计的串并联数控机床的伺服进给系统解耦控制方法的正确性及效果。

实验设计：分别选用单晶硅、紫铜、铝合金及 45 钢为加工材料。选用之前实验最优参数，结合控制系统参数进行加工，采用 NT9100 进行表面轮廓度检测。实验结果如图 7-17 所示。

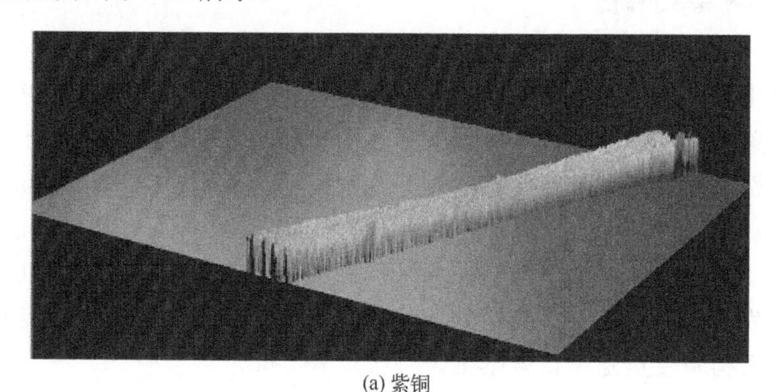

(a) 紫铜

图 7-17

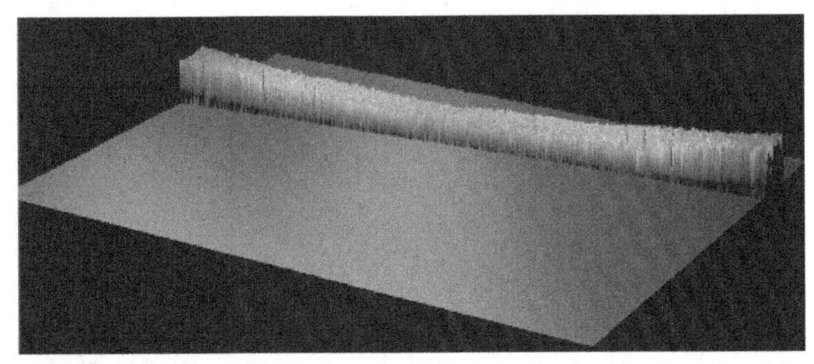

(b) 钢

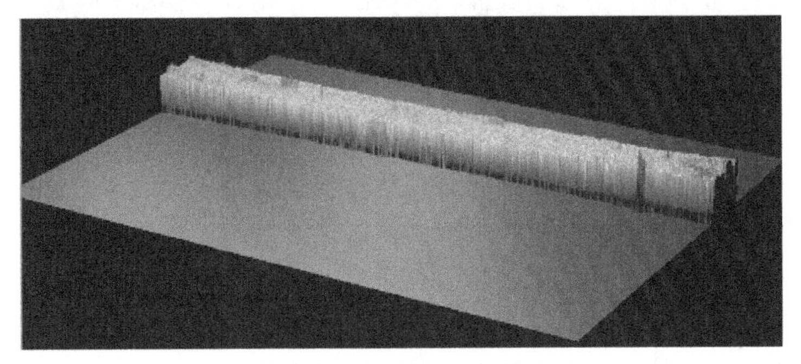

(c) 铝

图 7-17　机电耦合特性对表面轮廓度的影响

从实验图形可以看出，加工表面轮廓度形貌规则，符合光学曲面对表面形貌的严格要求，整体条纹精度较高，与加工轨迹能够较好吻合。图中深色部分为刀具初始切入和切出工件时产生的振动。

7.4　本章小结

本章主要完成对设计的 5 自由度串并联机构的实验验证。通过对并联机构驱动副位置和速度进行分析，验证了第 2 章和第 3 章介绍的机构设计和运动分析的合理性。通过激光测距传感器对其并联机构动平台误差进行实验研究，根据数据分析可知，随着运动副径向间隙误差增大，其末端执行器误差也会增加，但其误差值呈非线性增加，证明在并联机构中存在耦合特征。并联机构的误差实验验证为 5 自由度串并联机构的误差研究提供了参考，为进一步提升 5 自由度串并联机构精度奠定了良好基础。

通过大量的对比实验研究可以看出，单因素考虑机械或机电耦合问题，是不能充分满足加工质量要求的，充分考虑机电耦合特性，分析并解决复杂的影响因素带来的问题，运用强跟踪滤波器解决负载扰动和工况干扰对系统性能的影响的方法，对串并联数控机床的伺服进给系统进行解耦控制，降低了耦合因素对串并联数控机床伺服进给系统的影响，提高了零件的加工精度和表面质量，使机床的机械系统与控制系统更好地配合，解决了数控机床由于机电耦合问题而产生的加工精度不能充分满足要求、工作效率低、可靠性不高的问题，提高了数控机床的使用性能及加工效率。

参考文献

[1] 黄真，孔令富，方跃法．并联机器人机构学理论及控制［M］．北京：机械工业出版社，1997.

[2] 胡波，张达，高俊林，等．基于共形几何代数求解（4SPS+SPR）+（2RPS+SPR）串并联机构位置正解［J］．机械工程学报，2021，57（13）：102-113.

[3] 赵冲．基于 3RRlS 变胞单元的空间串并联式机械手捕获机构研究［D］．哈尔滨：哈尔滨工业大学，2021.

[4] 谷明信，赵华君，董天平．服务机器人技术及应用［M］．成都：西南交通大学出版社，2019.

[5] 季晔．少自由度并联机器人机构分析方法研究［M］．成都：西南交通大学出版社，2017.

[6] Fichter E F．A Stewart Platform-Based Manipulator：General Theory and Practical Construction［J］．The International Journal of Robotics Research，1986，5（2）：156-182.

[7] Raghavan M．The Stewart Platform of General Geometry Has 40 Configurations［J］．Journal of Mechanical & Design 1993，2（2）：277-282.

[8] 黄田，汪劲松．Gough-Stewart 平台运动学设计理论与方法［J］．中国科学．E 辑：技术科学，1999，04（4）：23-33.

[9] Shao J J，Chen W Y，Fu X．Position，Singularity and Workspace Analysis of 3-PSR-O Spatial Parallel Manipulator［J］．Chinese Journal of Mechanical Engineering，2015，28（3）：437-450.

[10] 李秦川，柴馨雪，陈巧红．两转一移三自由度并联机构研究进展［J］．科学通报，2017，14：1507-1519.

[11] Blekta J，Mevald J，Petrikova I．Evaluation of Spatial Vibrations Using a Platform with 6 Degrees of Freedom［J］．European Conference on Mechanism Science，2009：560-573.

[12] Wang Z L，He J J，Gu H．Forward Kinematics Analysis of a Six-Degree-of-Freedom Stewart Platform Based on Independent Component Analysis and Nelder-Mead Algorithm［J］．IEEE Transactions on Systems，Man，and Cybernetics，Part A：Systems and Humans，2011，41（3）：589-591.

[13] Liu K，Lewis F L，Fitzgerald M．Solution of Nonlinear Kinematics of a Parallel-link Constrained Stewart Platform Manipulator［J］．Circuits Systems and Signal Processing，1994，13（2-3）：167-183.

[14] Seward N，Bonev I A．A New 6-DOF Parallel Robot with Simple Kinematic Model［C］．IEEE International Conference on Robotics and Automation．IEEE，2014：4061-4066.

[15] Kang C，Feng D．The Closed Method of Solving in Inverse Solution of Position in Delta Parallel Mechanism［J］．Applied Mechanics and Materials，2013，313-314：946-949.

[16] 王玉茹，张大卫，黄田．Tricept 并联机器人的运动学设计理论浅析［J］．天津大学学报（自

然科学与工程技术版)，2002（3）：376-379.

［17］盛忠起，黄炜，史家顺．DSX5-70 型虚拟轴机床五轴联动控制［J］．东北大学学报（自然科学版)，2001，22（3）：282-284.

［18］徐鹏．基于六自由度串并联机构的自由曲面抛光机床研究［D］．哈尔滨：哈尔滨工业大学，2018.

［19］李曚．可重构混联机械手模块 TriVariant 的设计理论与方法［D］．天津：天津大学，2005.

［20］王友渔，赵兴玉，黄田，等．可重构混联机械手 TriVariant 与 Tricept 的静动态特性预估与比较［J］．天津大学学报（自然科学与工程技术版)，2007，40（1）：41-45.

［21］Kanaan D，Wenger P，Chablat D．Kinematic Analysis of a Serial-Parallel Machine Tool：the VERNE Machine［J］．Mechanism and Machine Theory，2009，44（2）：487-498.

［22］Chanal H，Duc E，Ray P，et al．A New Approach for the Geometrical Calibration of Parallel Kinematics Machines Tools Based on the Machining of a Dedicated Part［J］．International Journal of Machine Tools & Manufacture：Design，Research and Application，2007，47（7）：1151-1163.

［23］Liu X，Wang J，Wu C，et al．A New Family of Spatial 3-DOF Parallel Manipulators with Two Translational and One Rotational DOFs［J］．Robotica，2009，27（2）：241-247.

［24］吴伟峰．一种 5 自由度混联机构的性能分析与设计［D］．杭州：浙江理工大学，2015.

［25］曹毅，秦友蕾，陈海，等．完全各向同性解耦 3T1R 型并联机器人构型综合［J］．上海交通大学学报，2016，50（5）：702-709.

［26］杨栋皓，曹文熬，丁华锋．基于新型两层两环连杆的一族伞状可展机构的构型综合［J］．机械工程学报，2020（5）：150-160.

［27］韩佳成．单元组合式放缩机构的结构设计与仿真［D］．北京：北京邮电大学，2019.

［28］李守忠，于靖军，宗光华．基于旋量理论的并联柔性机构构型综合与主自由度分析［J］．机械工程学报，2010（13）：54-60.

［29］畅博彦，金国光，戴建生．基于变约束旋量原理的变胞机构构型综合［J］．机械工程学报，2014，50（5）：17-25.

［30］Agrawal K S，Waldron J K，Kinzel L G．Kinematics，Dynamics，and Design of Machinery［M］．New York：Wiley，1999.

［31］Zhu S，Zhen H，Zhao M．Singularity Analysis for Six Practicable 5-DoF Fully-Symmetrical Parallel Manipulators［J］．Mechanism and Machine Theory，2009，44（4）：710-725.

［32］黄真，李佳，孔建益，等．全移动副机构的型综合［J］．中国机械工程，2012（18）：2165-2168.

［33］Ahsen S V，García P，Willner H，et al．The Open-Chain Trioxide CF 3 OC（O）OOOC（O）OCF 3［J］．Chemistry-A European Journal，2010，9（20）：5135-5141.

［34］房立丰，刘安心，杨廷力，等．一平移二转动并联稳定平台拓扑结构设计［J］．农业机械

学报，2012，43（2）：205-210.

[35] 程世利，吴洪涛，姚裕，等. 6-SPS 并联机构运动学正解的一种解析化方法 [J]. 机械工程学报，2010，46（9）：26-31.

[36] 沈惠平，周金波，尤晶晶，等. 具有解析式位置正解的 2T1R 并联机构运动性能分析 [J]. 农业机械学报，2020，051（1）：398-409.

[37] Mkrtychev O，Kartygin A，Cherbachi I. Computer Simulation of Kinematics of Parallel Mechanisms[J]. IOP Conference Series Materials Science and Engineering，2020，709：033092.

[38] Banke B ，Dhiraj K ，Chandan J ，et al. A Geometric Approach for the Workspace Analysis of Two Symmetric Planar Parallel Manipulators [J]. Robotica，2014，34（4）：738-763.

[39] 黄真，刘婧芳，曾达幸. 基于约束螺旋理论的机构自由度分析的普遍方法 [J]. 中国科学. E 辑：技术科学，2009，39（1）：84-93.

[40] Bruyninckx H. Forward Kinematics for Hunt - Primrose Parallel Manipulators [J]. Mechanism and Machine Theory，1999，34（4）：657-664.

[41] 武国顺，陈良，魏永庚，等. 3-UPU 并联机构运动学性能分析 [J]. 黑龙江大学工程学报，2017（2）：93-96

[42] 路懿，胡波. 三自由度 SP+SPR+SPS 并联机构的运动学和工作空间分析 [J]. 燕山大学学报，2010，34（6）：493-500.

[43] 钱东海，王新峰，赵伟，等. 基于旋量理论和 Paden-Kahan 子问题的 6 自由度机器人逆解算法 [J]. 机械工程学报，2009，45（9）：72-76.

[44] Gallardo-Alvarado J，Posadas-Garcia J D D. Mobility Analysis and Kinematics of the Semi-General 2（3-RPS）Series-Parallel Manipulator [J]. Robotics and Computer Integrated Manufacturing，2013，29（6）：463-472.

[45] 陈明方，何朝银，黄良恩，等. 2TPR&2TPS 并联机构的位姿误差建模与补偿研究 [J]. 仪器仪表学报，2022，43（11）：94-103.

[46] 李文龙，谢核，尹周平，等. 机器人加工几何误差建模研究：I 空间运动链与误差传递 [J]. 机械工程学报，2021，57（7）：154-168.

[47] 孙静. 新型并联指向机构创新设计与理论研究 [D]. 秦皇岛：燕山大学，2021.

[48] 马履中，郭宗和，马晓丽，等. 三平移弱耦合并联机器人机构机型及位置精度分析 [J]. 中国机械工程，2006，17（15）：1541-1545.

[49] 米建伟，保宏，王从思，等. 平面二自由度冗余并联机器人同步控制 [J]. 机械科学与技术，2011（2）：279-282.

[50] 李仕华，韩雪艳，马琦翔，等. 新型并联柔性铰链微动精密平台的研究 [J]. 中国机械工程，2017，27（7）：888-893.

[51] 吴琼. Stewart 型六自由度并联机构控制 [J]. 中国科技纵横，2013（3）：119-122.

[52] Hao X, Diao X. Geometric Isotropy Indices for Workspace Analysis of Parallel Manipulators [J]. Mechanism and Machine Theory, 2018, 128: 648-662.

[53] GM Powertrain Group Manufacturing Engineering Controls Council. Open, Modular Architecture Controller at GM Powertrain: Technology and Implementation. http://www.omac.org/techdocs/open_at_GM.pdf.

[54] He J, Yu S, Zhong J. Analysis of electromechanical coupling facts of complicated electromechanical system [J]. Trans. Nonferrous Met. Soc. China, 2002, 12 (2): 301-304.

[55] 柳耀阳. 自由曲面研抛机床多轴运动控制器的研究 [D]. 长春: 吉林大学, 2004.

[56] Wright P K. Principles of Open-Architecture Manufacturing [J]. Journal of Manufacturing Systems, 1995, 14 (3): 187-202.

[57] Pritschow G, Altintas Y, Jovane F, et al. Open Controller Architecture-past, Present and Future [J]. CIRP Annals. 2001, 50 (2): 463-470.

[58] Birla S, Faulkner D, Michaloski J, et al. Reconfigurable Machine Controllers Using the OMAC API [J]. International Conference on Agile, Reconfigurable Manufacturing, Ann Arbor, MI, 2001 (5): 21-32.

[59] Sperling W. Lutz P. Design Applications for an OSACA Control [J]. Proceedings of the International Mechanical Engineering Congress and Exposition. USA, Dalles, 1997 (12): 16-21.

[60] Eskola M, Tuusa H. Sensorless Control of Salient Pole PMSM Using a Low-Frequency Signal Injection [C]. IEEE 11th European Conference on Power Electronics and Applications. Dresden: IEEE Press, 2004: 10-14.

[61] 唐人远, 等. 现代永磁电机理论与设计 [M]. 北京: 机械工业出版社, 2000.

[62] Li Qiang, Wu Jianxin, Sun Yan. Dynamic Optimization Method on Electromechanical Coupling System by Exponential Inertia Weight Particle Swarm Algorithm [J]. Chinese Journal of Mechanical Engineering, 2009, 22 (4): 602-607.

[63] 郭存良. 6-DOF 并联机器人动力学建模、非线性解耦及控制 [D]. 秦皇岛: 燕山大学, 2000.

[64] Hom C L, Pilgrim S M, Shankar N, et al. Calculation of Quasi-Static Electromechanical Coupling Coefficients for Electrostrictive Ceramic Materials [J]. IEEE Transactions on Ultrasonics, Ferroelectrics, and Frequency Control, 1994, 41 (4): 542-551.

[65] Yan S Z, Xu F, Liu X J, et al. Electromechanical Coupling Characteristics of SMA Wires under the Constraints of Stress and Strain [J]. Key Engineering Materials, 2007, 280-283: 915-918.

[66] 武建新, 李强, 赵卫国, 等. 并联机构机电耦合动力学计算 [J]. 中国工程机械学报, 2006 (4): 1-15.

[67] 孙燕, 李强, 武建新, 等. 机电耦联整形机床主轴系统动力学仿真 [J]. 机械设计与研究,

2008，24（5）：103-107.

［68］林利红，陈小安，周超群，等．精密传动系统的机电耦合建模及仿真分析［J］．重庆大学学报（自然科学版），2007，30（11）：14-18.

［69］侯忠生．无模型自适应控制的现状与展望［J］．控制理论与应用，2006，23（4）：586-591.

［70］隋树林，孙静，池荣虎．直线电机的无模型周期自适应控制［J］．青岛科技大学学报，2010，31（1）：83-85.

［71］Zhao Y，Mei J，Jin Y，et al. A New Hierarchical Approach for the Optimal Design of a 5-DoF Hybrid Serial-Parallel Kinematic Machine［J］. Mechanism and Machine Theory，2021，156：104160.

［72］Jouni，Mattila，Janne. A Survey on Control of Hydraulic Robotic Manipulators with Projection to Future Trends［J］. IEEE/ASME Transactions on Mechatronics：A，2017，22（2）：669-680.

［73］Cai K，Tian Y，Liu X，et al. Modeling and Controller Design of a 6-DoF Precision Positioning System［J］. Mechanical Systems & Signal Processing，2018，104：536-555.

［74］Ayyildiz M. Modeling for Prediction of Surface Roughness in Milling Medium Density Fiberboard with a Parallel Robot［J］. Sensor Review，2019，39（5）：173-180.

［75］Kong L，Chen G，Wang H，et al. Kinematic Calibration of a 3-PRRU Parallel Manipulator Based on the Complete，Minimal and Continuous Error Model［J］. Robotics and Computer Integrated Manufacturing，2021，71（1）：102158.

［76］Liu Y，Wang L，Gu K. A Support Vector Regression（SVR）-Based Method for Dynamic Load Identification Using Heterogeneous Responses Under Interval Uncertainties［J］. Applied Soft Computing，2021，110：107599.

［77］Wang L，Liu Y. A Novel Method of Distributed Dynamic Load Identification for Aircraft Structure Considering Multi-Source Uncertainties［J］. Structural and Multidisciplinary Optimization，2020，61：1929-1952.

［78］张培晓．串-并混联研抛机床运动控制器的研究［D］．长春：吉林大学，2006.

［79］侯勇俊，闫国兴．三电机激振自同步振动系统的机电耦合机理［J］．振动工程学报，2006，19（3）：355-358.

［80］Song S，Dai X，Huang Z，et al. Load Parameter Identification for Parallel Robot Manipulator Based on Extended Kalman Filter［J］. Complexity，2020，11（4）：1-12.

［81］Yun Y，Li Y. Design and Analysis of a Novel 6-DOF Redundant Actuated Parallel Robot with Compliant Hinges for High Precision Positioning［J］. Nonlinear Dynamics，2010，61（4）：829-845.

［82］Chan T，Borsje P，Wang W. Application of Unscented Kalman Filter to Sensorless Permanent-magnet Synchronous Motor Drive［C］. 2009 IEEE International Electric Machines and Drives

Conference [C]. Miami: IEEE Press, 2009: 631-638.

[83] 张猛，肖曦，李永东. 基于扩展卡尔曼滤波器的永磁同步电机转速和磁链观测器 [J]. 中国电机工程学报，2007，27（36）：36-40.

[84] Zhao S, Shmaliy Y S, Shi P, et al. Fusion Kalman/UFIR Filter for State Estimation with Uncertain Parameters and Noise Statistics [J]. IEEE Transactions on Industrial Electronics, 2017, 60 (4): 3075-3083.

[85] Du G, Ping Z. Online Serial Manipulator Calibration Based on Multisensory Process Via Extended Kalman and Particle Filters [J]. IEEE Transactions on Industrial Electronics, 2014, 61 (12): 6852-6859.

[86] 邱钦宇. 串并联喷涂机器人设计与仿真研究 [D]. 济南：山东大学，2019.

[87] Xie F , Liu X, Zhang H, et al. Design and Experimental Study of the SPKM165, a Five-axis Serial-parallel kinematic milling machine [J]. Science China Technological Sciences, 2011, 54 (5): 1193-1205.

[88] 陈佳丽，许勇，刘文彩. 步行式加工机器人解耦并联机械腿构型综合 [J]. 机械传动，2019，43（9）：47-55.

[89] Lai Y, Liao C, Chao Z. Inverse Kinematics for a Novel Hybrid Parallel-Serial Five-axis Machine Tool [J]. Robotics and Computer-Integrated Manufacturing, 2018: 63-79.

[90] Tlusty J, Ziegert J, Ridgeway S. Fundamental Comparison of the Use of Serial and Parallel Kinematics for Machines Tools [J]. CIRP Annals, 1999, 48 (1): 351-356.

[91] Tanev T K. Kinematics of a Hybrid (Parallel-Serial) Robot Manipulator [J]. Mechanism and Machine Theory, 2000, 35 (9): 1183-1196.

[92] Xin G, Deng H, Zhong G. Closed-form Dynamics of a 3-DOF Spatial Parallel Manipulator by Combining the Lagrangian Formulation with the Virtual Work Principle [J]. Nonlinear Dynamics, 2016, 86 (2): 1329-1347.